機械系 教科書シリーズ 12

数値計算法

工学博士 藪　忠司
工学博士 伊藤　惇　共著

コロナ社

機械系 教科書シリーズ編集委員会

編集委員長	木本　恭司	（元大阪府立工業高等専門学校・工学博士）
幹　　事	平井　三友	（大阪府立工業高等専門学校・博士（工学））
編集委員	青木　　繁	（東京都立産業技術高等専門学校・工学博士）
（五十音順）	阪部　俊也	（奈良工業高等専門学校・工学博士）
	丸茂　榮佑	（明石工業高等専門学校・工学博士）

(2007年3月現在)

刊行のことば

　大学・高専の機械系のカリキュラムは，時代の変化に伴い以前とはずいぶん変わってきました。

　一番大きな理由は，機械工学がその裾野を他分野に広げていく中で境界領域に属する学問分野が急速に進展してきたという事情にあります。例えば，電子技術，情報技術，各種センサ類を組み込んだ自動工作機械，ロボットなど，この間のめざましい発展が現在の機械工学の基盤の一つになっています。また，エネルギー・資源の開発とともに，省エネルギーの徹底化が緊急の課題となっています。最近では新たに地球環境保全の問題が大きくクローズアップされ，機械工学もこれを従来にも増して精神的支柱にしなければならない時代になってきました。

　このように学ぶべき内容が増えているにもかかわらず，他方では「ゆとりある教育」が叫ばれ，高専のみならず大学においても卒業までに修得すべき単位数が減ってきているのが現状です。

　私は1968年に高専に赴任し，現在まで三十数年間教育現場に携わってまいりました。当初に比べて最近では機械工学を専攻しようとする学生の目的意識と力がじつにさまざまであることを痛感しております。こうした事情は，大学をはじめとする高等教育機関においても共通するのではないかと思います。

　修得すべき内容が増える一方で単位数の削減と多様化する学生に対応できるように，「機械系教科書シリーズ」を以下の編集方針のもとで発刊することに致しました。

　1．機械工学の現分野を広く網羅し，シリーズの書目を現行のカリキュラムに則った構成にする。

　2．各書目においては基礎的な事項を精選し，図・表などを多用し，わかり

やすい教科書作りを心がける。

3. 執筆者は現場の先生方を中心とし，演習問題には詳しい解答を付け自習も可能なように配慮する。

現場の先生方を中心とした手作りの教科書として，本シリーズを高専はもとより，大学，短大，専門学校などで機械工学を志す方々に広くご活用いただけることを願っています。

最後になりましたが，本シリーズの企画段階からご協力いただいた，平井三友 幹事，阪部俊也，丸茂榮佑，青木繁の各委員および執筆を快く引き受けていただいた各執筆者の方々に心から感謝の意を表します。

2000年1月

編集委員長　木本　恭司

#　まえがき

　著者らが初めて数値計算らしい数値計算を手がけたのは，大学の卒業研究のときであった．卒業研究のテーマは「すべり線理論」，および「キャビテーション翼理論」であり，これらについての具体的な問題の解を数値的に求めることが課題であった．しかしながら，当時はまだパソコンのような便利なツールがなく，かろうじて計算機といえるものは人力による手回し計算機のみであった．乗除算はこの計算機で行い，加減算にはそろばんを用い，べき乗計算や関数計算は7けたの対数表や三角関数表などの数表を用いる，といった具合で，使える道具を総動員して数値計算を行うというありさまであった．

　例えば「すべり線理論」の場合，1日8時間程度頑張ってやっと1回の近似解を得，それを3回繰り返してようやく一つのケースに対する収束解を得ることができる，という程度の解析ペースだったから，きわめて悠長な，いまから考えるとこのうえなく不便な時代であった．しかしながら，それが当たり前の時代だったのである．その後まもなく，大学の工学部に初めて大形コンピュータが導入され，それを利用するようになった結果，それまで3日間かかっていた数値計算を約1分間で処理できるようになった．もちろんプログラミングの時間は別途必要であったけれども，このスピードアップは私たちにとって大きな驚きであるとともに，もちろん大きな喜びでもあった．

　それから40年近くがたった現在，数値計算を取りまく環境が一変していることはご存じのとおりである．コンピュータ，特にパソコンの進歩はまさに驚異的であり，それだけでなく，周辺機器やソフトウェアの進歩と普及にも目覚ましいものがある．学生諸君は授業で学んだ理論の内容や，実験・実習で得たデータなどを，パソコンを利用することによって容易に確認したり，整理したりすることができる．いまはこれが当たり前の時代になっているわけである

が，便利になっただけに，数値計算に接するチャンスが以前に比べて大幅に増えたであろうし，より高度で詳細なテクニックも要求されるようになっているであろう。

本書は現在のこのような恵まれた環境下で学ぶ工業高専，あるいは大学の機械系学生を対象として書かれたものである。

本書の狙いや特徴点を列記すると以下のとおりである。

（1） 数値計算のおもな分野をほぼ網羅しており，それぞれの分野についてあまり深く掘り下げず，どちらかといえば幅広く平易に解説している。

（2） それぞれの解法について，手計算で追跡できる程度の簡単な例題を付け，解法を理解するうえで役立つようにしている。

（3） 基本的な解法については，解析プログラムのソースリストを付録に付け，解説も付けて，読者の利用の便を図っている。

（4） 演習問題はできるだけ具体的な，機械工学にかかわりのある問題となるように心がけている。また，解答もできるだけ詳しく解説するようにしてある。

これらの狙いや特徴が十分発揮できていない部分もあるかもしれないが，それは著者らの力不足によるものであり，その点はご容赦願いたい。機械工学を専攻する学生諸君が数値計算に取り組むうえで，本書が何かのお役に立てば幸いである。

最後に，本書執筆にあたって，いろいろアドバイスをいただくとともに，執筆が大幅に遅れたにもかかわらず，温かく見守ってくださったコロナ社の関係各位に厚くお礼を申し上げる。

2001 年 11 月

著　者

目 次

1. 数値計算の基礎

1.1 コンピュータと数値計算 ………………………………………… 1
   1.1.1 数値計算の流れ …………………………………………… 1
   1.1.2 コンピュータ内における数の表現 …………………………… 2
1.2 数値計算における誤差 …………………………………………… 7
   1.2.1 誤差の定義 ………………………………………………… 8
   1.2.2 代表的な誤差 ……………………………………………… 9
演 習 問 題 ………………………………………………………… 11

2. 非線形方程式

2.1 第一近似解の求め方 ……………………………………………… 13
2.2 ニュートン法 ……………………………………………………… 15
   2.2.1 ニュートン接線法 ………………………………………… 15
   2.2.2 二次ニュートン法 ………………………………………… 17
   2.2.3 連立方程式 ………………………………………………… 18
   2.2.4 超越方程式 ………………………………………………… 19
2.3 直 接 法 ………………………………………………………… 20
2.4 区 間 縮 小 法 …………………………………………………… 21
演 習 問 題 ………………………………………………………… 22

3. 補間と数値微分

3.1 ラグランジュの補間公式 ………………………………………… 24
3.2 スプライン関数による補間 ……………………………………… 25
3.3 数 値 微 分 ……………………………………………………… 31
演 習 問 題 ………………………………………………………… 35

4. 最小二乗法

- 4.1 最小二乗法の考え方 ………………………………… 36
- 4.2 直線による近似 ………………………………………… 37
- 4.3 多項式による近似 ……………………………………… 39
- 4.4 指数関数による近似 …………………………………… 42
- 4.5 既知関数の線形結合による近似 ……………………… 43
- 演習問題 …………………………………………………… 46

5. 数値積分

- 5.1 台形公式 ………………………………………………… 50
- 5.2 シンプソンの公式 ……………………………………… 54
- 5.3 ガウスの数値積分法 …………………………………… 56
- 5.4 多重積分の数値解法 …………………………………… 60
- 演習問題 …………………………………………………… 64

6. 連立一次方程式

- 6.1 直接法 …………………………………………………… 67
  - 6.1.1 ガウスの消去法 …………………………………… 68
  - 6.1.2 コレスキー法 ……………………………………… 72
- 6.2 反復法 …………………………………………………… 74
  - 6.2.1 ヤコビ法とガウス-ザイデル法, SOR法 ………… 75
  - 6.2.2 共役勾配法 ………………………………………… 77
- 演習問題 …………………………………………………… 80

7. 常微分方程式 (1)

- 7.1 積分方程式の反復解法 ………………………………… 82
- 7.2 テイラー展開による方法 ……………………………… 85

7.3　多項式近似 ……………………………………………… 87
7.4　高階常微分方程式 ……………………………………… 89
演 習 問 題 ……………………………………………………… 91

8.　常微分方程式（2）

8.1　前 進 積 分 法 …………………………………………… 93
8.2　ルンゲ-クッタ法 ………………………………………… 96
演 習 問 題 ……………………………………………………… 102

9.　固 有 値 問 題

9.1　固有値と固有ベクトル …………………………………… 103
9.2　固有値問題の例 …………………………………………… 105
9.3　反復法による固有値の決定 ……………………………… 108
演 習 問 題 ……………………………………………………… 112

10.　シミュレーション

10.1　シミュレーションとは ………………………………… 113
10.2　モンテカルロ法 ………………………………………… 114
10.3　有限要素法の概要 ……………………………………… 122
10.4　その他の数値解析手法 ………………………………… 128
演 習 問 題 ……………………………………………………… 133

付　　　　録 …………………………………………………… 134

参 考 文 献 …………………………………………………… 143

演 習 問 題 解 答 ……………………………………………… 145

索　　　　引 …………………………………………………… 157

1

数値計算の基礎

数値計算（numerical calculation）は，各種理工学問題を解くうえできわめて有用なツールである。コンピュータが著しく発達し，普及した今日，数値計算の役割はますます重要なものとなってきている。ただ，きわめて有用である一方で，「コンピュータで扱われる数値は有限けたの数であり，計算結果には必ずなんらかの**誤差**（error）が含まれる」という事実はつねに心にとどめておかなければならない。

そのためには，コンピュータの内部で数がどのように取り扱われ，その結果としてどのような誤差が生じるか，ということをまず理解しておく必要がある。

本章では，このような数値計算を行ううえで知っておくべき基礎的な事項を取りまとめて示す。

1.1 コンピュータと数値計算

1.1.1 数値計算の流れ

労力や時間をいとわなければ，手作業で数値計算を実行できないことはない。しかしながら，大規模で複雑な問題を効率よく解くためにはコンピュータの存在は不可欠である。

コンピュータを使った典型的な数値計算の流れを示すと，以下のとおりである。

1) 解くべき問題を数学的に表現する　　例えば，**熱伝導問題**（heat conduction problem）を解こうとする場合には，解析対象となる物体の形状，材料特性（material property），**支配方程式**（governing equation：いまの場

合，熱伝導の基礎式），**初期条件・境界条件**（initial condition and boundary condition）を数式や数字を使って数学的に表現することが必要である。

2）数値計算法を選択する　どのような数値計算法を使えばよいかを決め，解く手順を**アルゴリズム**（algorithm）に翻訳する。ここでアルゴリズムというのは，「解を得るための一連の演算を明示した手続き」のことである。

3）プログラムを作成する　アルゴリズムを実行するためのプログラムを作成し，コンピュータに入力する。複雑なプログラムの場合，プログラミングに先立って**フローチャート**（flow chart）を書く場合も多い。現在，数値計算のための**プログラミング言語**としては，FORTRAN や C が主流となっており，本書ではプログラミング言語として FORTRAN を前提としている。

4）計算を実行する　作成したプログラムを**コンパイル，リンク**（compile and link）という作業によって，コンピュータが直接理解できる**機械語**（machine language）に翻訳し，数値計算を実行する。

5）結果を出力し，評価する　途中経過や最終結果をディスプレイ画面上や紙に出力して，結果を評価する。おおよその傾向を把握するためには，数値出力より図形出力のほうが優れており，現在ではそのためのツールである**ポストプロセッサ**（postprocessor）も数多く実用に供されている。

1.1.2　コンピュータ内における数の表現

前項のような流れを経て数値解が得られることになるが，その基本となっているのは数と数の加減乗除である。以下ではコンピュータ内における数の表現について説明する。

〔**1**〕**10進数と2進数**　通常，われわれが扱っている数は**10進数**（decimal number）であり，例えば 321.45 は

$$321.45 = 3 \times 10^2 + 2 \times 10^1 + 1 \times 10^0 + 4 \times 10^{-1} + 5 \times 10^{-2} \qquad (1.1)$$

を意味している。

それに対して，コンピュータの内部では数を有限けたからなる**2進数**（binary number）で，すなわち，0 と 1 のみで表して扱う。そのほうが記憶量

が少なくて済むし，処理が速いからである．電気的・磁気的媒体による記憶方式との対応がつけやすいことも，2進数を使うことの大きな理由の一つであろう．例えば10進数の整数402を2進数に変換して表すと

$$402 = 1\cdot 2^8 + 1\cdot 2^7 + 0\cdot 2^6 + 0\cdot 2^5 + 1\cdot 2^4 + 0\cdot 2^3 + 0\cdot 2^2 + 1\cdot 2^1 + 0\cdot 2^0$$
$$= 110010010_2 \qquad\qquad (1.2)$$

となる．ここで，下付きの添え字は2進数であることを表している．

この2進数のおのおののけたを**ビット**（bit）と呼ぶ．また，2進数の8けたを**バイト**（byte）と呼んでいる．以下では，下付き添え字の付いていない数は10進数，それ以外の進数の数に対しては，原則として下付き添え字でそれを示すことにする．

コンピュータでは，**記憶容量**（memory capacity）と**計算時間**の制約の関係から，一つの数を表現するのに，有限のビット数を使用せざるをえない．

通常は16，32，64 bit が用いられるが
・通常われわれが使用している10進数を2進数に変換して処理すること
・有限けたしか使用できないこと

のために，与えられた数を厳密に表現できない事態を生じることになる．この点については **1.2** 節で説明する．

なお，コンピュータシステムによっては，**16進数**を基本にしているものもある．これは2進数の4 bit をまとめて一つの数として扱うもので，16進数を表現するために0～9以外に10～15を表現するための数字が必要となる．通常は10，…，15に対応して文字 A，…，F が使われる．

例えば，10進数の302を16進数に変換すると

$$302 = \underline{1} \times 16^2 + \underline{2} \times 16^1 + \underline{14} \times 16^0 \qquad\qquad (1.3)$$

であるから，16進数表示では $12\,E_{16}$ で表される．

なお，16進数は事務処理などのデータ処理には向いているが，計算精度が2進数に比べて劣るため，科学技術計算用のコンピュータでは**2進法**（binary system）が採用されている．以下でも，もっぱら2進数について話を進めることにする．

例題 1.1 10進数の 1234 を 2 進数で表せ。また，16 進数で表せ。

【解答】 1234 が 2 進表示で $(a_m a_{m-1} \cdots a_3 a_2 a_1)_2$ と表されたとする ($a_1, a_2, \cdots, a_{m-1}, a_m$ は 0 か 1 の整数) と

$$
\begin{aligned}
1234 &= (a_m a_{m-1} \cdots a_3 a_2 a_1)_2 \\
&= a_m \times 2^{m-1} + a_{m-1} \times 2^{m-2} + \cdots + a_3 \times 2^2 + a_2 \times 2^1 + a_1 \\
&= ((\cdots((a_m \times 2 + a_{m-1}) \times 2 + a_{m-2}) \times 2 + \cdots + a_3) \times 2 + a_2) \times 2 + a_1
\end{aligned}
$$
(1.4)

だから，1234 を 2 で割った余りが a_1 であり，その商を 2 で割った余りが a_2 になることがわかる。この操作を商が 0 になるまで繰り返せばよい。

その結果は，$a_1 = 0, a_2 = 1, \cdots, a_{10} = 0, a_{11} = 1$，したがって
$$1234 = 10011010010_2$$
である。

16 進数で表すためには，上と同様な手順で 1234 を 16 で割っていけばよい。結果は，$1234 = 4 \times 16^2 + 13 \times 16^1 + 2 = 4\,\mathrm{D}\,2_{16}$ となる。 ◇

例題 1.2 π の値を，小数点以下 6 けたの 2 進数小数で近似するとどのようになるか。

【解答】 π の整数部分が $3 = 11_2$ であることは容易にわかるので，小数部分のみを取り出して考えることにする。$f_1, f_2, \cdots, f_6$ を 0 または 1 の整数として，小数部分が $(0.f_1 f_2 f_3 f_4 f_5 f_6)_2$ で表されたとすると
$$0.141\,592\,65\cdots = (0.f_1 f_2 f_3 f_4 f_5 f_6)_2$$
① 両辺に 2 を掛けると，$0.283\,185\,3\cdots = (f_1.f_2 f_3 f_4 f_5 f_6)_2$
ところが，左辺には整数部分がないので，$f_1 = 0$
② さらに 2 を掛けると，$0.566\,370\,6\cdots = (f_2.f_3 f_4 f_5 f_6)_2 \quad \therefore f_2 = 0$
③ さらに 2 を掛けると，$1.132\,741\cdots = (f_3.f_4 f_5 f_6)_2 \quad \therefore f_3 = 1$
④ 両辺の小数部分を等置して，2 を掛けることにより，$f_4 = 0$
⑤ 同様な操作を繰り返せば，$f_5 = 0, f_6 = 1 \quad \therefore \pi \fallingdotseq 11.001001_2$ ◇

〔2〕 **整数型と実数型**

コンピュータ内で扱われる数値のタイプには**整数** (integer) **型**と**実数** (real number) **型**がある。

(1) 整数型数値　整数型の数とは，2 000 や −42 のように整数で表される数のことであり，一つの整数型の数を表現するのに，16 bit や 32 bit を使用することが多い。

例えば，式 (1.2) で表される 2 進数を 32 bit を使って記憶すると図 **1.1** のようになる。

```
0000 0000 0000 0000 0000 0001 1001 0010
                                        ↑小数点位置
```

図 **1.1**　32 bit による 2 進整数の表示例

左端の第 1 ビットは符号を表すビットで，正の場合には 0，負の場合には 1 となる。したがって，数を表しているのは残りの 31 bit であり，これによって表すことのできる整数の範囲は −2 147 483 648 から 2 147 483 647 までである。

なお，負の整数を表すのに**補数**（compliment）という表示法がよく使われる。n 進法の場合，"$(n-1)$ の補数"と"n の補数"の 2 種類があって，2 進数を採用しているコンピュータにおいては，後者に対応する**2 の補数**がよく使われるので，これについてざっと説明する。

"2 の補数"というのは，「2 進表示された数の各けたの 0 と 1 を入れ替え（これが 1 の補数である），その後，最下位のビットに 1 を加えたもの」であって，例えば 11001_2 の "2 の補数" は，0 と 1 を入れ替えて得られた 00110_2 の最下位に 1 を加えた 00111_2 である。

補数表示を行うことによって，引き算を足し算として実行できるという利点がある。なお，補数表示についての詳細は巻末に記載した参考文献 8 ）を参照されたい。

例題 1.3　223＋606 と 606−223 の計算を 16 bit の 2 進数に変換して実施せよ。

【解答】 10 進数の 223 と 606 をそれぞれ最上位を符号ビットとする 16 bit の 2 進数で表すと

$223 = 0000000011011111_2, \quad 606 = 0000001001011110_2$

6　　1. 数値計算の基礎

となる。

606−223 ＝ 606＋(−223) と考え，−223 を "223 の 2 の補数" の形で表すと

$$-223 = 1111111100100001_2$$

したがって

- 223＋606 は

  　　0000000011011111$_2$
  ＋) 　0000001001011110$_2$
  　　0000001100111101$_2$ ＝ 829

- 606−223 は

  　　0000001001011110$_2$
  ＋) 　1111111100100001$_2$
  ⊧0000000101111111$_2$ ＝ 383

606−223 の場合，最上位の 1 は 16 bit の枠からはみ出して無視され，残りの 16 bit で引き算の結果を表すことになる。

なお，引き算で結果が負になる場合（例えば 223−606 の計算）は，大きい数から小さい数の引き算（606−223）をまず実行し，その後，符号ビットを 1 にして負数にする，という方法がとられる。　　　　　　　　　　　　　　　　　　　◇

(2) 実数型数値　　一方，実数型の数は小数点を伴う数のことであり，位取りを表す**指数部**（exponent）m と有効数字を表す**仮数部**（mantissa）A とを組み合わせた**浮動小数点**（floating point）表示によって

$$A \times 2^m \tag{1.5}$$

の形で表示される。ここで，$0.1_2 \leq |A| < 1.0_2$ であり，m ももちろん 2 進数である。

例えば，23.5 ＝ 10111.1$_2$ であるから，浮動小数点表示で表すと

$$+0.101111 \times 2^{+101} \tag{1.6}$$

であり，この場合 $A = 0.101111_2$，$m = 101_2 (= 5)$ である。これがコンピュータ内部では図 **1.2** のように記憶される。

| 0 0 0 0 0 1 0 1 | 0 | 1 0 1 1 1 1 0 0 0 0 0 0 0 0 0 0 0 0 0 0 0 0 0 |

↑小数点位置

図 **1.2**　実数の浮動小数点表示例

先頭の 8 bit は指数部を表しており，9 bit 目が符号のビット（正なら 0，負なら 1），10 bit 目から 32 bit 目までの 23 bit が仮数部のビットである。

ただし指数部については，表示 00000000 〜 11111111 を −128 〜 ＋127 に対

応させるのが普通であり，その場合この表記法で表現できる実数値の範囲は

$$10^{-39} \fallingdotseq 2^{-128} \leq |実数値| \leq 2^{127} \fallingdotseq 10^{38} \qquad (1.7)$$

となる．

実数の浮動小数点表示の方法には，図 *1.2* 以外に，先頭の bit を符号，2 〜 8 bit 目を指数部，9 〜 32 bit 目を仮数部とする方法もある．

なお，ある数値が意味をもつけた数のことを**有効けた数**，意味をもつ数字のことを**有効数字**（significant digit）というが，実数型の数を 32 bit で表現した**単精度**（single precision）の場合の有効けた数は 10 進数に換算して約 7 けたに相当する．それに対して，64 bit で表現した**倍精度**（double precision）の場合には，指数部が 12 bit，仮数部が符号ビットを含めて 52 bit であるため，有効けた数は 16 けた程度となる．

表示法には，このほかに小数点位置を固定する**固定小数点**（fixed point）表示もあるが，浮動小数点を用いるほうがはるかに広い範囲の数を表示することができる．

しかしながら，それでも演算の過程で生じた数の絶対値の大きさが，コンピュータで表現できる上記の範囲を超えることがあり，この状態を**オーバフロー**（overflow）という．また，コンピュータで表現できる最小値よりも小さな値になった状態を**アンダフロー**（underflow）という．アンダフローが起きるのは，実数型の場合に限定される．計算途中でアンダフローが起きた場合には，計算量を 0 に置き換えて計算が続行されるが，オーバフローの場合は警告を発して，その段階で停止するのが普通である．

1.2 数値計算における誤差

1.1 節で述べたように，コンピュータ内部で数は有限けたの 2 進数で表現され，数値計算の過程でそれらに対してきわめて多数回の加減乗除演算が行われるのが普通である．そのため，計算結果は必然的に**誤差**（error）を伴い，その誤差が無視できない場合も多い．

1.2.1 誤差の定義

ある数の**真の値**を a，その**近似値**を x とするとき

$$e = x - a \tag{1.8}$$

を誤差という。

ただし，誤差 e の正負はそれほど重要ではなく，e の大きさ（真値からのずれ）がむしろ重要であるので，通常は e の絶対値 $|e|$ を考え，これを**絶対誤差**（absolute error）という（これを単に誤差ということもある）。

また，誤差の大きさそのものではなく，誤差が真値に比べてどの程度の大きさであるかを示すために，両者の比

$$e_R = \frac{e}{a} \quad (ただし，a \neq 0) \tag{1.9}$$

コーヒーブレイク

大きい数と小さい数の表し方

オーバフローとアンダフローというコンピュータで扱えないような大きい数と小さい数の話が出たので，参考までに東洋における大きい数と小さい数の表記法を紹介しておこう。

まず，大きい数は万を超えるとその万倍ごとにつぎのような単位を使う。

万，億，兆，京（けい），垓（がい），…〈この間 10 の単位〉…，不可思議，無量大数。

小さいほうは小数点以下の各位につぎのような名称を付ける。

割，分，厘，毛，糸（し），忽（こつ），微，沙（しゃ），塵，…〈この間 10 単位〉…，空虚，清浄。

なお，ついでに SI 単位についてふれると，SI 単位では基準単位の 10 の整数乗倍を表現するための接頭語が準備されていて，かなり大きい数や小さい数を表現することができるようになっている。それらは以下のとおりである。

10^{18}（エクサ：記号は E），10^{15}（ペタ：P），10^{12}（テラ：T），10^9（ギガ：G），10^6（メガ：M），10^3（キロ：k），10^2（ヘクト：h），10^1（デカ：da），10^{-1}（デシ：d），10^{-2}（センチ：c），10^{-3}（ミリ：m），10^{-6}（マイクロ：μ），10^{-9}（ナノ：n），10^{-12}（ピコ：p），10^{-15}（フェムト：f），10^{-18}（アト：a）

を考え，これを**相対誤差**（relative error）と定義する．ただ，真値は不明である場合が多いので，$e_R \fallingdotseq e/x$ とする場合が多い．

1.2.2 代表的な誤差

〔**1**〕**入力誤差**　コンピュータに入力される数値が測定値，あるいは近似値である場合には，それぞれに測定誤差，近似誤差が含まれ，さらにこれらがコンピュータ内で2進数に変換される過程で変換誤差を生じる．これらを**入力誤差**，あるいは**データ誤差**（error of input data）という．

例えば，10進法の 0.5 は

$$1 \times 2^{-1} = 0.1_2$$

と有限けたで正確に表現できるが

$$0.1 \text{ は，} 0.1 = 0.000110011001100 \cdots_2$$

$$0.3 \text{ は，} 0.3 = 0.010011001100110 \cdots_2$$

といずれも無限小数になってしまい，これを有限けたで記憶すると，誤差を伴うことになる．

このようなことを考えれば，誤差を少しでも減らす意味でも，入力段階で指定できる数値（例えば分割数など）は，なるべく16，32など2の累乗の値にしたほうがよい．

なお，解析結果を出力する過程で2進数を10進数に変換する必要があり，この過程で生じる変換誤差を**出力誤差**と呼ぶことがある．

〔**2**〕**丸め誤差**　コンピュータは有限けたの数しか扱えないため，計算の過程で得られる数値を有限けたで切り捨てて，一定のけた内に収めざるをえない．この操作を「**丸め**（round-off）」といい，このために生じる誤差を**丸め誤差**（round-off error）という．

丸めの結果として，数値計算の途中で有効けたが著しく減ってしまうことがあるが，これはほぼ等しい値をもった二つの浮動小数点数の差を計算した場合に生じるもので，この現象を**けた落ち**（cancellation）という．

けた落ちが起こると計算精度が著しく阻害されるので，けた落ちを起こしそ

うな部分には，以下の例題に示すような計算上の工夫をこらしたり，それが無理な場合には倍精度計算を行うなどの配慮が必要である。

例題 1.4 二次方程式 $ax^2+bx+c=0$ の解の公式である $x=(-b\pm\sqrt{b^2-4ac})/(2a)$ を使って

$$2.718282\,x^2-365.2422\,x+0.3141593=0$$

の解を求めよ（正解は $x=134.3642,\ 0.0008601452$）。

【解答】 解の公式を使って x の値を求めると

$$x=\frac{365.2422\pm\sqrt{365.2422^2-4\times2.718282\times0.3141593}}{2\times2.718282}$$

$$=\frac{365.2422\pm365.2375}{5.436564}=\frac{730.4797}{5.436564},\ \frac{0.0047}{5.436564}$$

$$=134.3642,\ 0.0008645166$$

となり，分子の±のうち−側から得られる x の値は有効けたが2けたに減ってしまう。これは，値がほとんど等しい数どうしの引き算の結果によるものである。

この場合，−のほうの解に対しては，分母分子に $-b+\sqrt{b^2-4ac}$ を掛けて

$$x=\frac{-b-\sqrt{b^2-4ac}}{2a}=\frac{2c}{-b+\sqrt{b^2-4ac}} \tag{1.10}$$

と変形してから，x の値を求めると

$$x=\frac{2\times0.3141493}{730.4797}=0.0008601452$$

となり，末位まで正確な値を求めることができる。　　　　　　　　　　◇

なお，丸めの結果として**積み残し**あるいは**情報落ち**（loss of information）といわれる現象が生じることもある。

これは，きわめて大きい数と小さい数の和（や差）を求めるときに生じ，大きい数の末位の大きさよりも小さい数のほうがさらに小さい場合には，結果に小さい数の情報が正確に（場合によっては全然）反映されないという現象である。

例えば，単精度実数 $A=10\,000\,000.$ に，1. を1 000 000回繰り返し足し込むという単純な計算をコンピュータで実行すると，結果は $A=101\,000\,000.$ に

はならず，もとの値から変化しない．これは足し込まれた 1. が，A に対して無視されつづけるからである．

　ただし，倍精度計算を行えば正しい結果が得られる．プログラムを組んで実際に計算させて，このことを確認してみよ．

　〔**3**〕　**打切り誤差**　数値計算では，「無限回」や「無限小」という表現が困難であるため，これらを有限回，あるいは有限値に置き換えて近似計算を行うことが必要となる．このときに生じる誤差を**打切り誤差**（truncation error）といい，具体的な例として

・級数展開で得られる無限級数を有限項数で表現する

・微分を差分で近似する

などをあげることができる．

例題 1.5　$\sin x$ の**マクローリン展開**（Maclaurin's expansion）は

$$\sin x = x - \frac{x^3}{3!} + \frac{x^5}{5!} - \cdots + (-1)^{n-1}\frac{x^{2n-1}}{(2n-1)!} + \cdots \quad (1.11)$$

である．式 (1.11) で ① $n=5$，② $n=10$ として $\sin \pi$ の近似値を求めよ．ただし，$\pi \fallingdotseq 3.141\,593$ とせよ．

【**解答**】　FORTRAN プログラムを組んで単精度計算を行った結果のみを以下に示す．

　①　$n=5$ のとき，すなわち x^9 の項まで計算させた場合の結果は，$6.925\,2\times10^{-3}$

　②　$n=10$ のとき（x^{19} の項まで計算）の結果は，$-7.702\,9\times10^{-8}$

であった．

　正解はもちろん 0 であるから $n=5$ で打ち切ると，精度的にきわめて不十分であることがわかる．$n=10$ のときの結果は十分 0 に近いと判断でき，π の値自身が近似値であるため，結果が完全に 0 になることは期待できない．FORTRAN 組込み関数を使っても同程度の値となることを確認されたい．　　　　　　　　　　　　　◇

演習問題

【**1**】　つぎの 10 進数を 2 進数と 16 進数に変換せよ．

　　　(1)　1 023　　(2)　365.25

【2】 つぎの2進数を10進数に変換せよ．
（1） 10011010010　　（2） 10.10110111

【3】 10進数のつぎの足し算と引き算を16 bitの2進数に変換して実施せよ．
（1） 173＋205　　（2） 421−141

【4】 $x=0.001$ のとき，$\sqrt{1+x}-1$ の値を有効けた6けたで計算したときの結果を求めよ．この式を
$$\sqrt{1+x}-1 = \frac{x}{\sqrt{1+x}+1}$$
と変形してから，$x=0.001$ とすると結果はどうなるか．

【5】 $1-\cos x = \dfrac{\sin^2 x}{1+\cos x} = 2\sin^2\dfrac{x}{2}$ である．$x=\pi/100$ のとき，この3種類の値を有効けた6けたで計算するとどうなるか．ただし，$\pi \fallingdotseq 3.1415927$ とせよ．

【6】 $\cos x$ のマクローリン展開は
$$\cos x = 1 - \frac{x^2}{2!} + \frac{x^4}{4!} - \cdots + (-1)^n \frac{x^{2n}}{(2n)!} + \cdots$$
である．この式を ① $n=5$，② $n=10$ までで打ち切って $\cos 2\pi$ の近似値を求めよ．ただし，$\pi \fallingdotseq 3.1415927$ とせよ．

2

非線形方程式

　変数のべき乗あるいは変数の積を含む代数方程式を**非線形代数方程式** (nonlinear algebraic equation) といい，超越関数（三角関数や指数関数などの代数関数でないもの）を含むいわゆる**超越方程式** (transcendental equation) も**非線形方程式** (nonlinear equation) として定義される。本章では，**ニュートン法** (Newton's method) および**直接法** (direct method) の2種類の方法について，それぞれ非線形代数方程式および二元連立非線形代数方程式の解を数値的に求める計算法を中心に解説を行う。

　超越関数を含む非線形方程式に対しては，ニュートン法をそのままの方法で適用できるので，これについてもふれる。

2.1　第一近似解の求め方

　ニュートン法などの繰返し計算によって解を求めようとする場合，前もっておおよその解すなわち初期値〔**第一近似解** (first approximation) ともいう〕を求めておく必要がある。これを求めるには作図による方法が最も便利である。

　三次方程式
$$2x^3 - 4x^2 - 2x + 4 = 0 \tag{2.1}$$
の解を作図によって求めてみよう。

　式 (2.1) の左辺を $f(x)$ とおいて，これを x について -1 から $+1$ まで曲線を描くと**図 2.1** のようになる。この曲線と x 軸との交点が方程式 (2.1) の解である。図からこれを目測で読み取るとほぼ -1.0 と 1.0 である。

残されたもう一つの解を求めるには以下のようにすればよい。すなわち，x の逆数を z として $x=1/z$ を式 (2.1) に代入して整理すると，z について式 (2.2) が得られる。

$$4z^3-2z^2-4z+2=0 \qquad (2.2)$$

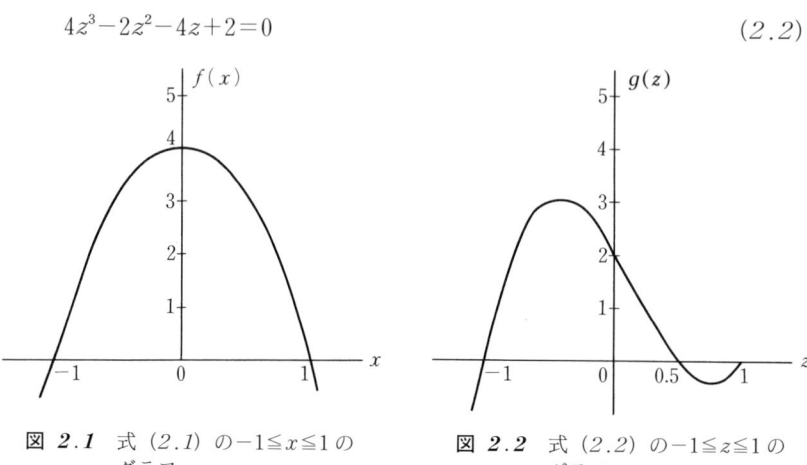

図 2.1　式 (2.1) の $-1 \leq x \leq 1$ のグラフ

図 2.2　式 (2.2) の $-1 \leq z \leq 1$ のグラフ

式 (2.2) について，式 (2.1) のときと同様に左辺を $g(z)$ とおいて -1 から $+1$ まで図 2.2 に示すような作図をしてこれより解を求めると，$z=0.5$ を読み取ることができる。これから x を求めると $x=2.0$ が得られ，最終的に $x=-1.0, 1.0, 2.0$ の三つの解が得られる。

代数学の基本定理から n 次の方程式は n 個の解をもつことが知られているが，このなかには虚数解も含まれていることがあることに注意を要する。また，虚数解はたがいに共役なものが対（つい）をなして含まれる。

つぎに連立方程式の例を示す。

$$f(x, y) = 3y^3-2x^3-10x^2+1 = 0 \qquad (2.3)$$
$$g(x, y) = y^3-3x^2+5y-5 = 0 \qquad (2.4)$$

これらの方程式は y および x について解くことができ，式 (2.5)，(2.6) のようになる。

$$y = \left\{\frac{2x^2(x+5)-1}{3}\right\}^{1/3} \tag{2.5}$$

$$x = \left\{\frac{y(y^2+5)-5}{3}\right\}^{1/2} \tag{2.6}$$

式 (2.5), (2.6) をそれぞれ $y=F(x)$, $x=G(y)$ とおいて作図すると, 図 **2.3** のようになり, これから2曲線の交点を読み取ると, 二組みの解 $x=-0.8$, $y=1.1$, および $x=0.6$, $y=1.0$ が得られる。

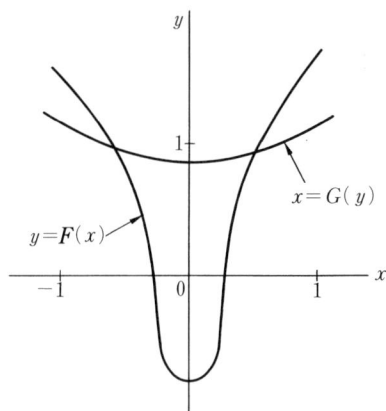

図 **2.3** 式 (2.5), (2.6) のグラフ

2.2 ニュートン法

2.2.1 ニュートン接線法

2.1 節のような方法で第一近似解が得られると, これを初期値として繰返し法によって精度を上げることができる。これには収束の速いニュートン法が多く用いられるが, これは一次ニュートン法あるいはニュートン接線法とも呼ばれているように, 近似値 x における接線と x 軸との交点を求める操作を繰り返す方法である (図 **2.4**)。

第 n 近似解を x_n とすると, 第 $(n+1)$ 近似解 x_{n+1} はつぎの式 (2.7) か

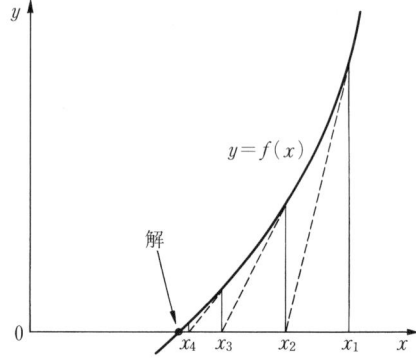

図 *2.4* ニュートン接線法

ら得られる。

$$x_{n+1} = x_n - \frac{f(x_n)}{f'(x_n)} \tag{2.7}$$

例題 *2.1* 方程式

$$x^3 - 3x^2 + 5x - 3 = 0$$

の第二近似解 x_2 を求めよ。ただし,初期値(第一近似解)は $x_1=1.2$ とする。

【解答】 左辺を $f(x)$ とおいて x で微分すると

$$f'(x) = 3x^2 - 6x + 5$$

これより,$f(1.2) = 0.408$,$f'(1.2) = 2.12$ であることから

$$x_2 = 1.2 - \frac{0.408}{2.12} = 1.0075$$

繰返し計算の結果を第三近似解まで**表 *2.1*** に示す。　　　　　◇

表 *2.1* 計算結果(ニュートンの接線法)

n	1	2	3
x_n	1.200	1.0075	1.0000
$f(x_n)$	0.408	0.0150	
$f'(x_n)$	2.120	2.0002	
$f(x_n)/f'(x_n)$	0.1925	0.0075	

2.2.2 二次ニュートン法

前述のニュートン接線法は,テイラー展開

$$f(x_{n+1}) = f(x_n) + f'(x_n)(x_{n+1} - x_n) + \frac{f''(x_n)}{2!}(x_{n+1} - x_n)^2 + \cdots \tag{2.8}$$

において,左辺を 0 とおいて右辺を第 2 項までとって x_{n+1} を求めたものである。このことから,右辺の第 3 項までとることによって精度を向上させることが期待される。すなわち,式 (2.8) の左辺を 0 とおいて,右辺第 3 項の $x_{n+1} - x_n$ に一次ニュートン法の式 (2.7) を代入すると,式 (2.9) のようになる。

$$0 = f(x_n) + f'(x_n)h + \frac{f''(x_n)}{2}h\left\{-\frac{f(x_n)}{f'(x_n)}\right\}, \quad h = x_{n+1} - x_n \tag{2.9}$$

これより $1/h$ を求めると式 (2.10) が得られる。

$$\frac{1}{h} = -\frac{f'(x_n)}{f(x_n)} + \frac{1}{2}\frac{f''(x_n)}{f'(x_n)} \tag{2.10}$$

式 (2.10) を用いて h を求め,$x_{n+1} = x_n + h$ より,繰返し計算によって近似解が得られる。以上の方法を**二次ニュートン法** (Newton's 2 nd order method) という。

例題 2.2 つぎの方程式について,第一近似解を $x_1 = 1.2$ として二次ニュートン法により第三近似解 x_3 を求めよ。

$$x^3 - 3x^2 + 5x - 3 = 0$$

【解答】 左辺を $f(x)$ とおくと

$f(x) = x^3 - 3x^2 + 5x - 3$
$f'(x) = 3x^2 - 6x + 5$
$f''(x) = 6x - 6$

式 (2.10) から h を求め,$x_{n+1} = x_n + h$ に代入して繰返し計算すればよい。その計算結果を**表 2.2** に示す。 ◇

表 2.2 計算結果（二次ニュートン法）

n	1	2	3
x_n	1.200	0.996	1.000
$f(x_n)$	0.408	-0.008	
$f'(x_n)$	2.120	2.000	
$f''(x_n)$	1.200	-0.024	
$1/h$	-4.913	249.994	
h	-0.204	0.004	

2.2.3 連立方程式

つぎに連立方程式について考える。2変数の連立非線形方程式の一般的な表現を式 (2.11)，(2.12)のように表す。

$$f(x,\ y) = 0 \tag{2.11}$$

$$g(x,\ y) = 0 \tag{2.12}$$

いま，x，y の第 n 近似解を x_n，y_n とし，これらの誤差を e_{xn}，e_{yn} とすると式 (2.13)，(2.14) が成り立つ。

$$f(x_n + e_{xn},\ y_n + e_{yn}) = 0 \tag{2.13}$$

$$g(x_n + e_{xn},\ y_n + e_{yn}) = 0 \tag{2.14}$$

これらの左辺のテイラー展開より，近似的に

$$f(x_n,\ y_n) + e_{xn} f_x(x_n,\ y_n) + e_{yn} f_y(x_n,\ y_n) = 0 \tag{2.15}$$

$$g(x_n,\ y_n) + e_{xn} g_x(x_n,\ y_n) + e_{yn} g_y(x_n,\ y_n) = 0 \tag{2.16}$$

ここで，f，g に対する添え字 x，y は偏微分を表す。この連立方程式を e_{xn}，e_{yn} について解くと式 (2.17)，(2.18) のようになる。

$$e_{xn} = \frac{g f_y - f g_y}{f_x g_y - g_x f_y} \tag{2.17}$$

$$e_{yn} = \frac{f g_x - g f_x}{f_x g_y - g_x f_y} \tag{2.18}$$

したがって，第 $(n+1)$ 近似解 x_{n+1}，y_{n+1} は式 (2.19)，(2.20) から得られる。

$$x_{n+1} = x_n + e_{xn} \tag{2.19}$$

$$y_{n+1} = y_n + e_{yn} \tag{2.20}$$

例題 2.3 つぎの連立方程式の解を求めよ。ただし，初期値を $x_1 = 0.5$, $y_1 = 1.0$ とする。

$$f(x, y) = 2y^3 - x^3 - 9x^2 + 1 = 0$$

$$g(x, y) = y^3 - 2x^2 + 4y - 4 = 0$$

【解答】 f, g の導関数を求めると

$$f_x = -3x^2 - 18x, \quad g_x = -4x$$

$$f_y = 6y^2, \quad g_y = 3y^2 + 4$$

式 $(2.17)\sim(2.20)$ について $n=3$ まで繰返し計算した結果を**表 2.3** に示す。

◇

表 2.3 計算結果（連立方程式）

	1	2	3		1	2
x	0.5	0.524	0.526	g	0.5	0.015
y	1.0	0.936	0.872	g_x	-2	-2.096
f	0.625	0.025		g_y	7	6.628
f_x	-9.75	-10.526		e_{xn}	0.024	0.0015
f_y	6	5.257		e_{yn}	-0.064	-0.064

2.2.4 超越方程式

一次ニュートン法を用いて三角関数を含む超越方程式の計算例を示す。すなわち

$$\frac{1-x}{x} - \tan x = 0 \tag{2.21}$$

左辺を $f(x)$ とおいて微分すると

$$f'(x) = -\frac{1}{x^2} - \sec^2 x \tag{2.22}$$

$f(x)$ および $f'(x)$ を一次ニュートン法の式 (2.7) に代入すると，式 (2.23) のような繰返し方程式が得られる。

$$x_{n+1} = x_n - \frac{x_n - x_n^2(1+\tan x_n)}{-1 - x_n^2(1+\tan^2 x_n)} \tag{2.23}$$

また，$\tan x$ をべき級数に展開して代数方程式に直すこともできる．すなわち

$$\tan x = x + \frac{x^3}{3} + \frac{2x^5}{15} + \frac{17x^7}{315} + \cdots \qquad (2.24)$$

式 (2.24) の第3項までをとり，式 (2.21) に代入して変形すると

$$2x^6 + 5x^4 + 15x^2 + 15x - 15 = 0 \qquad (2.25)$$

2.3 直 接 法

つぎに直接法について説明する．与えられた方程式を

$$f(x) = 0 \qquad (2.26)$$

とする．左辺の任意の x について形式的に解いて

$$x = F(x) \qquad (2.27)$$

の形に変形する．第 n 近似解 x_n を $F(x)$ に代入し x_{n+1} を求める．すなわち，繰返し計算の式として式 (2.28) を用いる．

$$x_{n+1} = F(x_n) \qquad (2.28)$$

$F(x)$ にはいろいろな形が考えられるが，導関数 $F'(x)$ が1より小さいことが必要である．また，この条件を満足するものが複数ある場合は絶対値の最小のものを選べばよい．

例題 2.4 つぎの方程式を直接法で解け．ただし，第一近似解は $x_1 = 1.2$ とする．

$$x^3 - 3x^2 + 5x - 3 = 0$$

【解答】 いろいろな x について形式的に解き，$F'(1.2)$ を求めるとつぎのようになる．

$$x = F_1(x) = \frac{-x^3 + 3x^2 + 3}{5}, \quad F_1'(x) = \frac{-3x^2 + 6x}{5}, \quad F_1'(1.2) = 0.5760$$

$$x = F_2(x) = \sqrt{\frac{x^3 + 5x - 3}{3}}, \quad F_2'(x) = \frac{\sqrt{3}}{6} \frac{3x^2 + 5}{\sqrt{x^3 + 5x + 3}}, \quad F_2'(1.2) = 0.8214$$

$$x = F_3(x) = \sqrt[3]{3x^2 - 5x + 3}, \quad F_3'(x) = \frac{1}{3} \frac{6x - 5}{(3x^2 - 5x + 3)^{2/3}}, \quad F_3'(1.2) = 0.609\,4$$

$$x = F_4(x) = \frac{x^3 - 3}{3x - 5}, \quad F_4'(x) = \frac{6x^3 - 15x^2 + 9}{(3x - 5)^2}, \quad F_4'(1.2) = -1.138\,8$$

$$x = F_5(x) = \frac{3x^2 + 3}{x^2 + 5}, \quad F_5'(x) = \frac{24x}{(x^2 + 5)^2}, \quad F_5'(1.2) = 0.694\,4$$

このなかで $F'(1.2)$ の絶対値が最小のものは $F_1(x)$ である．したがって，$F_1(x)$ を繰返し計算の式として用いて計算する．すなわち，第 n 近似解から第 $(n+1)$ 近似解を求めるには次式によればよい．

$$x_{n+1} = \frac{-x_n^3 + 3x_n^2 + 3}{5}$$

これにより計算を行うと，$x_2 = 1.118\,4$，$x_3 = 1.070\,7$，$x_4 = 1.042\,3$，$x_5 = 1.025$ のように真値 1 に収束している． ◇

2.4 区間縮小法

ニュートン法に代わる方法としては，**区間縮小法**（false-position method）や**二分法**（bisection method）がある．本節では区間縮小法について説明し，最後に二分法にふれる．

第一近似解 x_1 に対して，$f(x_2)$，$f(x_3)$ の符号が異なるように x_1 の両側に x_2，x_3 をとる（**図 2.5**）．2 点 $\{x_2, f(x_2)\}$，$\{x_3, f(x_3)\}$ を通る直線の方程式は式（2.29）のようになる．

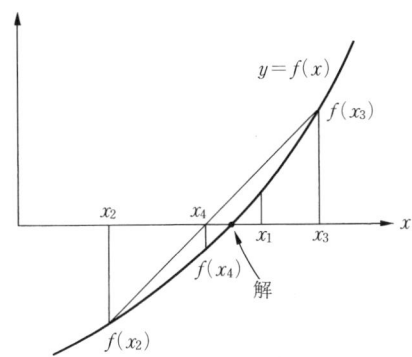

図 2.5 区間縮小法

$$\frac{x-x_2}{f(x)-f(x_2)} = \frac{x_3-x_2}{f(x_3)-f(x_2)} \tag{2.29}$$

式 (2.29) で, $f(x)=0$ なる x を x_4 とすると

$$x_4 = \frac{x_2 f(x_3) - x_3 f(x_2)}{f(x_3) - f(x_2)} \tag{2.30}$$

$f(x_2)$ が負で $f(x_3)$ が正の場合, $f(x_4)$ が負ならば式 (2.30) の右辺の x_2 を x_4 に置き換え, 正ならば x_3 を x_4 で置き換えて, それぞれ得られる左辺は x_5 である. 以下, 同様の操作を繰り返すことになる.

例題 2.5 つぎの方程式を区間縮小法を用いて解け. ただし, 第一近似解 $x_1 = 0.96$ として, この両側の近似解は $x_2 = 0.92$, $x_3 = 1.2$ とする.

$$x^3 - 3x^2 + 5x - 3 = 0$$

【解答】 $f(x_2) = -0.161$, $f(x_3) = 0.408$ であるから, x_4 は

$$x_4 = \frac{x_2 f(x_3) - x_3 f(x_2)}{f(x_3) - f(x_2)} = \frac{0.92 \times 0.408 - 1.2 \times (-0.161)}{0.408 - (-0.161)} = 0.999$$

$f(x_4) = -0.002$ であるから

$$x_5 = \frac{x_4 f(x_3) - x_3 f(x_4)}{f(x_3) - f(x_4)} = \frac{0.999 \times 0.408 - 1.2 \times (-0.002)}{0.408 - (-0.002)} = 1.000$$

ほかに二分法もあるが, これは区間縮小法と同じ x_2, x_3 に対して, x_4 を $(x_2+x_3)/2$ により決定する. 以下, 同様の計算を繰り返し行えばよい. ◇

演 習 問 題

【1】 ニュートン接線法を用いてつぎの方程式の第二近似解 x_2 を求めよ. ただし, 第一近似解 (初期値) x_1 を $x_1 = 1.1$ とする.

$$x^3 - 2x^2 + 2x - 1 = 0$$

【2】 二次ニュートン法を用いてつぎの方程式の第三近似解 x_3 を求めよ. ただし, 第一近似解 x_1 を $x_1 = 1.1$ とする.

$$x^3 - 3x^2 + 5x - 3 = 0$$

【3】 2.2.3 項の方法を用いてつぎの連立方程式の第三近似解 x_3, y_3 を求めよ. ただし, 第一近似解 x_1, y_1 は $x_1 = 0.5, y_1 = 1.0$ とする.

$$f(x, y) = 3y^3 - 2x^3 - 10x^2 + 1 = 0$$

$$g(x,\ y) = y^3 - 3x^2 + 5y - 5 = 0$$

【4】 直接法を用いてつぎの方程式の第三近似解 x_3 を求めよ。ただし，第一近似解 x_1 は $x_1 = 1.1$ とする。
$$x^3 - 2x^2 + 2x - 1 = 0$$

【5】 区間縮小法を用いてつぎの方程式の解 x_4, x_5 を求めよ。ただし，第一近似解 $x_1 = 0.95$，また，この両側の近似解 $x_2 = 0.9$, $x_3 = 1.1$ を初期値として使用するものとする。
$$x^3 - 2x^2 + 2x - 1 = 0$$

【6】 柱の座屈荷重を求める問題で，つぎのような超越方程式が成り立つ。
$$\tan \lambda - \lambda = 0$$
ニュートン法により λ の 0 でない最小値を求めよ。

3

補間と数値微分

異なる x_i の値に y_i が対応している場合，与えられたすべての (x_i, y_i) を通る式（関数）を求め，これから任意の x に対応する y を求めることを**補間**（interpolation）という．ここでは**ラグランジュ**（Lagrange）の多項式による補間と，**スプライン**（spline）関数による補間について説明する．

後半では，等間隔での x_i とその点における y_i との対応から，任意の x_i における微分値を求める方法について述べる．不等間隔の場合でも，補間公式を求め，一般の微分法で微分値を求めることができるので比較的簡単であるが，ここでは省略する．

3.1 ラグランジュの補間公式

n 組みの異なるデータ $(x_1, y_1)(x_2, y_2)\cdots(x_n, y_n)$ $(x_1<x_2<\cdots<x_n)$ を満足する $(n-1)$ 次の多項式 $L(x)$ を求めよう．$a_j(x)$ を $(n-1)$ 次の多項式として $L(x)$ を式（3.1）で表すことにする．

$$L(x) = \sum_{j=1}^{n} y_j a_j(x) \qquad (3.1)$$

$L(x_i) = y_i$ より

$$y_i = \sum_{j=1}^{n} y_j a_j(x_i) \quad (i=1, 2, \cdots, n) \qquad (3.2)$$

ここで，$a_j(x_i)$ は式（3.3）を満足しなければならない．

$$a_j(x_i) = \begin{cases} 0 & : j \neq i \text{ のとき} \\ 1 & : j = i \text{ のとき} \end{cases} \qquad (3.3)$$

式（3.3）の第1式より $a_j(x)$ は

$$a_j(x) = A(x-x_1)(x-x_2)\cdots(x-x_{j-1})(x-x_{j+1})\cdots(x-x_n) \quad (3.4)$$

と表される。式 (3.3) の第 2 式と式 (3.4) より

$$1 = A(x_j-x_1)(x_j-x_2)\cdots(x_j-x_{j-1})(x_j-x_{j+1})\cdots(x_j-x_n) \quad (3.5)$$

式 (3.4), (3.5) より

$$a_j(x) = \frac{(x-x_1)(x-x_2)\cdots(x-x_{j-1})(x-x_{j+1})\cdots(x-x_n)}{(x_j-x_1)(x_j-x_2)\cdots(x_j-x_{j-1})(x_j-x_{j+1})\cdots(x_j-x_n)} \quad (3.6)$$

したがって、求める $L(x)$ は式 (3.1), (3.6) より

$$L(x) = \sum_{j=1}^{n} \frac{(x-x_1)(x-x_2)\cdots(x-x_{j-1})(x-x_{j+1})\cdots(x-x_n)}{(x_j-x_1)(x_j-x_2)\cdots(x_j-x_{j-1})(x_j-x_{j+1})\cdots(x_j-x_n)} y_j \quad (3.7)$$

式 (3.7) をラグランジュの**補間多項式** (interpolation polynomial) という。

例題 3.1 ラグランジュの補間多項式により、4 点 $(-1, 3)$, $(0, 1)$, $(1, 1)$, $(2, 9)$ を通る三次関数を求めよ。

【解答】 四組みのデータをつぎの変数に対応させる。$(x_1, y_1) = (-1, 3)$, $(x_2, y_2) = (0, 1)$, $(x_3, y_3) = (1, 1)$, $(x_4, y_4) = (2, 9)$ のようにデータが四組み与えられている場合、ラグランジュの補間公式はつぎのようになる。

$$L(x) = \frac{(x-x_2)(x-x_3)(x-x_4)}{(x_1-x_2)(x_1-x_3)(x_1-x_4)} y_1 + \frac{(x-x_1)(x-x_3)(x-x_4)}{(x_2-x_1)(x_2-x_3)(x_2-x_4)} y_2$$
$$+ \frac{(x-x_1)(x-x_2)(x-x_4)}{(x_3-x_1)(x_3-x_2)(x_3-x_4)} y_3 + \frac{(x-x_1)(x-x_2)(x-x_3)}{(x_4-x_1)(x_4-x_2)(x_4-x_3)} y_4$$

したがって

$$L(x) = \frac{(x-0)(x-1)(x-2)}{(-1-0)(-1-1)(-1-2)} \times 3 + \frac{\{x-(-1)\}(x-1)(x-2)}{\{0-(-1)\}(0-1)(0-2)} \times 1$$
$$+ \frac{\{x-(-1)\}(x-0)(x-2)}{\{1-(-1)\}(1-0)(1-2)} \times 1 + \frac{\{x-(-1)\}(x-0)(x-1)}{\{2-(-1)\}(2-0)(2-1)} \times 9$$
$$= x^3 + x^2 - 2x + 1 \qquad \diamondsuit$$

3.2 スプライン関数による補間

n 組みのデータ (x_1, y_1), (x_2, y_2), $\cdots(x_n, y_n)$ $(x_1 < x_2 < \cdots < x_n)$ を満足し、二次の導関数まで連続な三次関数を三次スプライン関数という。以下、三

次スプライン関数 $S(x)$ を求めよう。

$S(x)$ の二次導関数 $S''(x)$ は一次関数となり，したがって直線になるので，$x_{i-1} < x < x_i$ において

$$S''(x) = \frac{S''(x_i) - S''(x_{i-1})}{x_i - x_{i-1}}(x - x_i) + S''(x_i) \qquad (3.8)$$

が成立する。$S''(x_i) = S_i''$，$x_i - x_{i-1} = h_i$ とおいて S_{i-1}''，S_i'' について整理すると

$$S''(x) = S_{i-1}'' \frac{x_i - x}{h_i} + S_i'' \frac{x - x_{i-1}}{h_i} \qquad (3.9)$$

これを積分すると

$$S'(x) = -S_{i-1}'' \frac{(x_i - x)^2}{2h_i} + S_i'' \frac{(x - x_{i-1})^2}{2h_i} + C_1 \qquad (3.10)$$

$$S(x) = S_{i-1}'' \frac{(x_i - x)^3}{6h_i} + S_i'' \frac{(x - x_{i-1})^3}{6h_i} + C_1 x + C_2 \qquad (3.11)$$

ここで，C_1，C_2 は積分定数である。

$S(x_{i-1}) = y_{i-1}$，$S(x_i) = y_i$ とおき，式 (3.11) を C_1，C_2 を未知数とする連立方程式の形に整理すると

$$\begin{cases} C_1 x_{i-1} + C_2 = y_{i-1} - \dfrac{S_{i-1}'' h_i^2}{6} & (3.12) \\[2mm] C_1 x_i + C_2 = y_i - \dfrac{S_i'' h_i^2}{6} & (3.13) \end{cases}$$

C_1，C_2 について解くと

$$C_1 = \frac{y_i - y_{i-1}}{h_i} - \frac{h_i}{6}(S_i'' - S_{i-1}'') \qquad (3.14)$$

$$C_2 = \frac{x_i y_{i-1} - x_{i-1} y_i}{h_i} - \frac{h_i}{6}(S_{i-1}'' x_i - S_i'' x_{i-1}) \qquad (3.15)$$

これらを式 (3.10)，(3.11) に代入して S_{i-1}''，S_i'' について整理すると

$$S'(x) = S_{i-1}'' \left\{ -\frac{(x_i - x)^2}{2h_i} + \frac{h_i}{6} \right\} + S_i'' \left\{ \frac{(x - x_{i-1})^2}{2h_i} - \frac{h_i}{6} \right\}$$

$$+ \frac{y_i - y_{i-1}}{h_i} \qquad (3.16)$$

$$S(x) = S_{i-1}'' \left\{ \frac{(x_i-x)^3}{6h_i} - \frac{x_i-x}{6} h_i \right\} + S_i'' \left\{ \frac{(x-x_{i-1})^3}{6h_i} - \frac{x-x_{i-1}}{6} h_i \right\}$$

$$+ \frac{x-x_{i-1}}{h_i} y_i + \frac{x_i-x}{h_i} y_{i-1} \qquad (3.17)$$

式 (3.8) で $i-1$ を i, i を $i+1$ とすると

$$S''(x) = \frac{S_{i+1}'' - S_i''}{x_{i+1} - x_i} (x - x_{i+1}) + S_{i+1}'' \qquad (3.18)$$

式 (3.8) と式 (3.18) の x に x_i を代入すると式 (3.8) と式 (3.18) は等しいことがただちに示され, $S''(x)$ の連続性が証明されたことになる(例題 3.2)。

つぎに $S'(x)$ の連続性の条件を求めよう。

式 (3.16) で $i-1$ を i, i を $i+1$ と置き換えて

$$S'(x) = S_i'' \left\{ -\frac{(x_{i+1}-x)^2}{2h_{i+1}} + \frac{h_{i+1}}{6} \right\} + S_{i+1}'' \left\{ \frac{(x-x_i)^2}{2h_{i+1}} - \frac{h_{i+1}}{6} \right\}$$

$$+ \frac{y_{i+1} - y_i}{h_{i+1}} \qquad (3.19)$$

式 (3.16) と式 (3.19) の x に x_i を代入すると, $x=x_i$ において両者は等しくならなければならない。したがって, 式 (3.20) が成り立つ。

$$\frac{h_i}{6} S_{i-1}'' + \frac{h_i + h_{i+1}}{3} S_i'' + \frac{h_{i+1}}{6} S_{i+1}'' = \frac{y_{i+1} - y_i}{h_{i+1}} - \frac{y_i - y_{i-1}}{h_i}$$

$$(3.20)$$

式 (3.20) に $i = 2, 3, \cdots n-1$ を代入すると, つぎの連立方程式 (3.21) が得られる。

$$\begin{cases} \dfrac{h_2}{6} S_1'' + \dfrac{h_2 + h_3}{3} S_2'' + \dfrac{h_3}{6} S_3'' = \dfrac{y_3 - y_2}{h_3} - \dfrac{y_2 - y_1}{h_2} \\ \dfrac{h_3}{6} S_2'' + \dfrac{h_3 + h_4}{3} S_3'' + \dfrac{h_4}{6} S_4'' = \dfrac{y_4 - y_3}{h_4} - \dfrac{y_3 - y_2}{h_3} \\ \quad \vdots \qquad\qquad\qquad\qquad\qquad \vdots \\ \dfrac{h_{n-1}}{6} S_{n-2}'' + \dfrac{h_{n-1} + h_n}{3} S_{n-1}'' + \dfrac{h_n}{6} S_n'' = \dfrac{y_n - y_{n-1}}{h_n} - \dfrac{y_{n-1} - y_{n-2}}{h_{n-1}} \end{cases}$$

$$(3.21)$$

28　3．補間と数値微分

S_1'' から S_n'' までの n 個の未知数に対して，式の数は $(n-2)$ であるから2個の条件式を加える必要がある．これには $S_1''=0$，$S_n''=0$ を用いる三次の自然スプラインと呼ばれる方法を導入する．これら二つの条件を加え，式 (3.21) をマトリクス表示すると式 (3.22) のようになる．

$$\begin{bmatrix} \dfrac{h_2+h_3}{3} & \dfrac{h_3}{6} & 0 & 0 & \cdots\cdots\cdots\cdots \\ \dfrac{h_3}{6} & \dfrac{h_3+h_4}{3} & \dfrac{h_4}{6} & 0 & \cdots\cdots\cdots\cdots \\ 0 & \dfrac{h_4}{6} & \dfrac{h_4+h_5}{3} & \dfrac{h_5}{6} & \cdots\cdots\cdots\cdots \\ 0 & 0 & \dfrac{h_5}{6} & 0 & \vdots \\ \vdots & \vdots & \vdots & \vdots & \dfrac{h_{n-1}}{6} \\ \vdots & \vdots & \vdots & \dfrac{h_{n-1}}{6} & \dfrac{h_{n-1}+h_n}{3} \end{bmatrix} \begin{bmatrix} S_2'' \\ S_3'' \\ S_4'' \\ \vdots \\ \\ S_{n-1}'' \end{bmatrix}$$

$$= \begin{bmatrix} \dfrac{y_3-y_2}{h_3} - \dfrac{y_2-y_1}{h_2} \\ \dfrac{y_4-y_3}{h_4} - \dfrac{y_3-y_2}{h_3} \\ \dfrac{y_5-y_4}{h_5} - \dfrac{y_4-y_3}{h_4} \\ \vdots \\ \dfrac{y_n-y_{n-1}}{h_n} - \dfrac{y_{n-1}-y_{n-2}}{h_{n-1}} \end{bmatrix} \quad (3.22)$$

これらを解いて S_2'' から S_{n-1}'' を求め，追加条件の $S_1''=0$，$S_n''=0$ を式 (3.17) に代入すれば $S(x)$，すなわち**三次の自然スプライン** (natural cubic spline) 関数が得られる．付録にスプライン関数による補間プログラムリスト

を掲載してあるので利用されたい。

例題 3.2 $S''(x)$ の連続性を証明せよ。

【解答】 式 (3.8) より
$$S''(x) = \frac{S_i'' - S_{i-1}''}{x_i - x_{i-1}}(x - x_i) + S_i'' \tag{3.23}$$
式 (3.23) で $i-1$ を i, i を $i+1$ とすると
$$S''(x) = \frac{S_{i+1}'' - S_i''}{x_{i+1} - x_i}(x - x_{i+1}) + S_{i+1}'' \tag{3.24}$$
式 (3.23), (3.24) の x に x_i を代入すると
$$S''(x_i) = \frac{S_i'' - S_{i-1}''}{x_i - x_{i-1}}(x_i - x_i) + S_i'' = S_i'' \tag{3.25}$$
$$S''(x_i) = \frac{S_{i+1}'' - S_i''}{x_{i+1} - x_i}(x_i - x_{i+1}) + S_{i+1}'' = S_i'' \tag{3.26}$$
すなわち, $x_{i-1} < x < x_i$ で定義された式 (3.23) と, $x_i < x < x_{i+1}$ で定義された式 (3.24) が $x = x_i$ で等しくなり, x_i における連続性が証明されたことになる。 ◇

以上, つぎの三つの項目から **3.2** 節の冒頭にあるスプライン関数であることの条件がすべて満たされていることになる。すなわち

① 式 (3.11) のつぎの行にあるように, $S(x_i) = y_i$ とおいていることから, $S(x)$ は各組みのデータを満足している。
② 式 (3.18) のつぎの行から例題 3.2 までで, $S'(x)$, $S''(x)$ の連続性を証明している。
③ 式 (3.8) で $S''(x)$ を一次関数とおいているので, $S(x)$ は三次関数である。

例題 3.3 三次関数 $y = x^3 - x$ から採取したデータを**表 3.1** に示す。この5点を通るスプライン関数 $S(x)$ を求め, $1 \leq x \leq 2$ の範囲で y と比較せよ。

表 3.1 例題 3.3 のデータ

i	1	2	3	4	5
x_i	-1	0	1	2	3
y_i	0	0	0	6	24

3. 補間と数値微分

【解答】 式 (3.22) より

$$\begin{bmatrix} \dfrac{h_2+h_3}{3} & \dfrac{h_3}{6} & 0 \\ \dfrac{h_3}{6} & \dfrac{h_3+h_4}{3} & \dfrac{h_4}{6} \\ 0 & \dfrac{h_4}{6} & \dfrac{h_4+h_5}{3} \end{bmatrix} \begin{bmatrix} S_2'' \\ S_3'' \\ S_4'' \end{bmatrix} = \begin{bmatrix} \dfrac{y_3-y_2}{h_3} - \dfrac{y_2-y_1}{h_2} \\ \dfrac{y_4-y_3}{h_4} - \dfrac{y_3-y_2}{h_3} \\ \dfrac{y_5-y_4}{h_5} - \dfrac{y_4-y_3}{h_4} \end{bmatrix}$$

$h_i = x_i - x_{i-1}$ より $h_2 = h_3 = h_4 = h_5 = 1$, したがって, 上式は

$$\begin{bmatrix} \dfrac{2}{3} & \dfrac{1}{6} & 0 \\ \dfrac{1}{6} & \dfrac{2}{3} & \dfrac{1}{6} \\ 0 & \dfrac{1}{6} & \dfrac{2}{3} \end{bmatrix} \begin{bmatrix} S_2'' \\ S_3'' \\ S_4'' \end{bmatrix} = \begin{bmatrix} 0 \\ 6 \\ 12 \end{bmatrix}$$

すなわち

$$\begin{bmatrix} 4 & 1 & 0 \\ 1 & 4 & 1 \\ 0 & 1 & 4 \end{bmatrix} \begin{bmatrix} S_2'' \\ S_3'' \\ S_4'' \end{bmatrix} = \begin{bmatrix} 0 \\ 36 \\ 72 \end{bmatrix}$$

これを解いて

$$S_2'' = -\dfrac{9}{7}, \quad S_3'' = \dfrac{36}{7}, \quad S_4'' = \dfrac{117}{7}$$

これより, $1 \leq x \leq 2$ では $i=4$ とおいて

$$S(x) = S_3'' \left\{ \dfrac{(x_4-x)^3}{6} - \dfrac{x_4-x}{6} \right\} + S_4'' \left\{ \dfrac{(x-x_3)^3}{6} - \dfrac{x-x_3}{6} \right\}$$

$$+ (x-x_3)y_4 + (x_4-x)y_3 = \dfrac{9}{14}(x-1)(x-2)(3x+4) + 6(x-1)$$

y と $S(x)$ の比較を**図 3.1** に示す。誤差が大きいのは手計算できるように, データ数を少なくしていることが原因と考えられる。 ◇

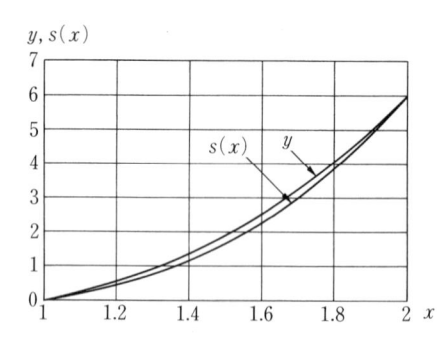

図 3.1 スプライン関数による近似

3.3 数値微分

数表から導関数の値を求めることを**数値微分**（numerical differenciation）という。これを行う一つの方法は補間公式を求め，これを微分することである。数値積分に比べ数値微分は誤差が大きくなりやすい。このことは数値積分が面積を求め，数値微分は接線の傾きを求めることであることを考えれば容易に理解することができる。

すなわち，図 3.2 に示すように a から b の積分で点線で示す補間公式で得られた曲線の積分と，実線で示す正しい曲線の積分の差は小さい。それに比べ両曲線に対する接線の傾きは両者に大きな差がある。

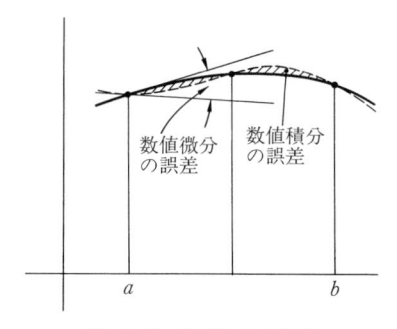

図 3.2 数値微分の誤差

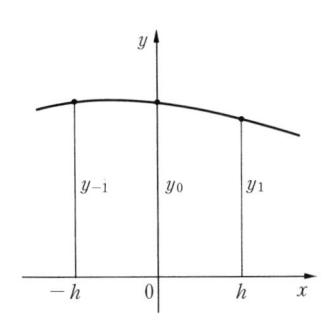

図 3.3 数値微分公式の誘導（1）

図 3.3 に示すような3点の x，y の対応 $(-h, y_{-1})$，$(0, y_0)$，(h, y_1) から微分公式を求めるために，つぎのような二次の多項式を仮定する。

$$y = a_2 x^2 + a_1 x + a_0 \tag{3.27}$$

$x = 0$ で $y = y_0$ より

$$a_0 = y_0 \tag{3.28}$$

$x = h$ で $y = y_1$，$x = -h$ で $y = y_{-1}$ より

$$y_1 = a_2 h^2 + a_1 h + y_0 \tag{3.29}$$

$$y_{-1} = a_2 h^2 - a_1 h + y_0 \tag{3.30}$$

3. 補間と数値微分

式 (3.29) から式 (3.30) を辺々について引き算すると

$$a_1 = \frac{y_1 - y_{-1}}{2h} \tag{3.31}$$

式 (3.29) と式 (3.30) を辺々について足し算をすると

$$a_2 = \frac{y_{-1} - 2y_0 + y_1}{2h^2} \tag{3.32}$$

微分演算子 D をつぎのように定義する．

$$D(y_0) = \left(\frac{dy}{dx}\right)_{x=0}, \quad D^2(y_0) = \left(\frac{d^2y}{dx^2}\right)_{x=0}, \quad \cdots$$

式 (3.31), (3.32) より

$$D(y_0) = (2a_2 x + a_1)_{x=0} = \frac{y_1 - y_{-1}}{2h} \tag{3.33}$$

$$D^2(y_0) = 2a_2 = \frac{y_{-1} - 2y_0 + y_1}{h^2} \tag{3.34}$$

式 (3.33), (3.34) は，与えられた x の範囲 $-h \sim h$ の中央 $x = 0$ における微分値であるが，x の範囲の端における微分値が必要な場合もある．図 3.4 に示すように図 3.3 の x, y の対応を h だけずらし $(0, y_0)$, (h, y_1), $(2h, y_2)$ とした公式を導く．

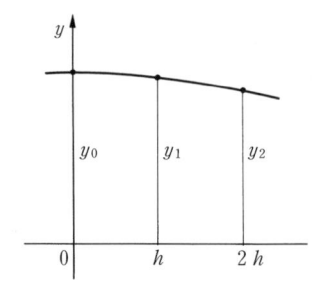

図 3.4 数値微分公式の誘導 (2)

式 (3.27) で，$x = 0$ で $y = y_0$ より

$$a_0 = y_0 \tag{3.35}$$

$x = h$ で $y = y_1$，$x = 2h$ で $y = y_2$ より

$$y_1 = a_2 h^2 + a_1 h + y_0 \tag{3.36}$$

$$y_2 = 4a_2h^2 + 2a_1h + y_0 \tag{3.37}$$

{式 $(3.36)\times 4$}−{式 (3.37)}より

$$a_1 = \frac{-3y_0+4y_1-y_2}{2h} \tag{3.38}$$

{式 $(3.36)\times 2$}−{式 (3.37)}より

$$a_2 = \frac{y_0-2y_1+y_2}{2h^2} \tag{3.39}$$

したがって

$$D(y_0) = (2a_2x+a_1)_{x=0} = \frac{-3y_0+4y_1-y_2}{2h} \tag{3.40}$$

$$D^2(y_0) = 2a_2 = \frac{y_0-2y_1+y_2}{h^2} \tag{3.41}$$

さて，式 (3.33) と式 (3.34) について数値微分の誤差を調べるための計算を行う。関数 $y=f(x)$ のテイラー展開は

$$f(x+h) = f(x) + \frac{h}{1!}D(y) + \frac{h^2}{2!}D^2(y) + \frac{h^3}{3!}D^3(y) + \cdots \tag{3.42}$$

となる。$x=0$ とおくと

$$y_1 = y_0 + \frac{h}{1!}D(y_0) + \frac{h^2}{2!}D^2(y_0) + \frac{h^3}{3!}D^3(y_0) + \cdots \tag{3.43}$$

同様に

$$y_{-1} = y_0 - \frac{h}{1!}D(y_0) + \frac{h^2}{2!}D^2(y_0) - \frac{h^3}{3!}D^3(y_0) + \cdots \tag{3.44}$$

式 (3.43) と式 (3.44) の辺々を足し合わせると

$$y_1 + y_{-1} = 2y_0 + \frac{2}{2!}h^2 D^2(y_0) + \frac{2}{4!}h^4 D^4(y_0) + \cdots$$

$D^2(y_0)$ について解くと

$$D^2(y_0) = \frac{y_{-1}-2y_0+y_1}{h^2} - \frac{1}{12}h^2 D^4(y_0) + \cdots \tag{3.45}$$

式 (3.43) から式 (3.44) の辺々を引くと

$$y_1 - y_{-1} = 2hD(y_0) + \frac{2}{3!}h^3 D^3(y_0) + \cdots$$

$D(y_0)$ について解くと

$$D(y_0) = \frac{y_1 - y_{-1}}{2h} - \frac{1}{6}h^3 D^3(y_0) + \cdots \qquad (3.46)$$

以上より式（3.33）と式（3.46）との比較から，式（3.33）の誤差が式（3.46）の右辺第 2 項のオーダーであることが示された．同様に式（3.34）の誤差は式（3.45）の右辺第 2 項のオーダーであることがわかる．

公式として添え字に一般性をもたせ，四次の微分係数までまとめたものを以下に示す．

$$D(y_i) = \frac{1}{2h}(-y_{i-1} + y_{i+1}) = \frac{1}{2h}(-3y_i + 4y_{i+1} - y_{i+2})$$

$$= \frac{1}{2h}(y_{i-2} - 4y_{i-1} + 3y_i) \qquad (3.47)$$

$$D^2(y_i) = \frac{1}{h^2}(y_{i-1} - 2y_i + y_{i+1}) = \frac{1}{h^2}(2y_i - 5y_{i+1} + 4y_{i+2} - y_{i+3})$$

$$= \frac{1}{h^2}(-y_{i-3} + 4y_{i-2} - 5y_{i-1} + 2y_i) \qquad (3.48)$$

$$D^3(y_i) = \frac{1}{2h^3}(-y_{i-2} + 2y_{i-1} - 2y_{i+1} + y_{i+2})$$

$$= \frac{1}{2h^3}(-5y_i + 18y_{i+1} - 24y_{i+2} + 14y_{i+3} - 3y_{i+4})$$

$$= \frac{1}{2h^3}(3y_{i-4} - 14y_{i-3} + 24y_{i-2} - 18y_{i-1} + 5y_i) \qquad (3.49)$$

$$D^4(y_i) = \frac{1}{h^4}(y_{i-2} - 4y_{i-1} + 6y_i - 4y_{i+1} + y_{i+2}) \qquad (3.50)$$

さらに高次の関数で近似したものや，より階数の高い導関数については参考文献 13) などを参照すればよい．

例題 3.4 式（3.47），（3.48）の第 1 式を用いて，(x, y) の対応が $(1, 1), (2, 1), (3, 3)$ であるとき $D(y_2), D^2(y_2)$ を求めよ．

【解答】 $D(y_2) = D(y)|_{x=2}, D^2(y_2) = D^2(y)|_{x=2}$ であり，また式（3.47），（3.48）の第 1 式で $i = 2$ とおくと

$$D(y_2) = \frac{1}{2\times 1}(-1+3) = 1$$

$$D^2(y_2) = \frac{1}{1^2}(1-2\times 1+3) = 2$$

(**注**) ラグランジュの補間多項式により y を求めると $y=x^2-3x+3$ となる。これより $\left.\dfrac{dy}{dx}\right|_{x=2}=1$, $\left.\dfrac{d^2y}{dx^2}\right|_{x=2}=2$ のように確かめることができる。 ◇

演 習 問 題

【1】 ラグランジュの補間多項式を用いて，(x, y) の関係が $(1, 2)$, $(2, 1)$, $(3, -2)$ なる3点を満足する x の二次関数を求めよ。

【2】 ラグランジュの補間多項式を用いて，(x, y) が $(0, -1)$, $(1, 2)$, $(2, -1)$, $(3, -16)$ である4点を通る x の三次関数 y を求めよ。

【3】 式 (3.47), (3.48) を用いて，上記の問題【1】の x, y の関係から，$x=1$ における一次と二次の導関数 $D(y_1)$, $D^2(y_1)$ を求めよ。

【4】 例題 3.3 の問題を，巻末のスプライン関数のプログラムを用いて $x=4.5$ の y を求めよ。

【5】 せん断流中の三次元翼列のコードピッチ比 c/t と揚力係数 c_L の関係が**問表 3.1** のようになっている。スプライン関数のプログラムを用いて c/t が 0.5 の c_L を求めよ。

問表 3.1 コードピッチ比 c/t と揚力係数 c_L

i	1	2	3	4	5	6	7
c/t	0	0.1	0.2	0.4	0.6	0.8	1.0
c_L	0.983	0.85	0.742	0.579	0.465	0.384	0.323

4

最小二乗法

　最小二乗法 (method of least squares) は，実験データや観測データをなんらかの関数形で近似したい場合や，数式で定義された関数を，ほかのより計算しやすい関数で近似したい場合に用いて有効である。

　ここでは，このうち物理実験や機械工学実験などの際にしばしば経験する前者の場合のみを取り上げ，直線近似，多項式近似，指数関数による近似，および既知関数の線形結合による近似の各場合について，その考え方と近似の方法を説明する。

4.1 最小二乗法の考え方

　二つの物理量 x, y に対して，n 組みの実験データ

$$\left.\begin{array}{l} x_1, \ x_2, \ x_3, \ \cdots, \ x_n \\ y_1, \ y_2, \ y_3, \ \cdots, \ y_n \end{array}\right\} \tag{4.1}$$

が得られているとき，この x と y の間に成り立つ関係を実験公式の形で求めることを考える。

　関係式 $y = f(x)$ があらかじめ物理的考察などによって予想できる場合と，予想できない場合とが考えられるが，いずれにせよ実験データには必ず**誤差**が含まれるため，実験点がすべて一つの曲線上に乗る〔すなわち，n 組みすべてのデータが $y_i = f(x_i)$ を満足する〕ことは期待できない。

　このような場合に，**偏差** (deviation) の二乗和

$$S = \sum_{i=1}^{n} \{y_i - f(x_i)\}^2 \tag{4.2}$$

が最小になるように近似式を決定する方法を最小二乗法という．

近似式としては，直線や多項式，指数関数がよく使われる．以下では，これらによる近似と，既知関数の線形結合による近似の場合について，近似式の求め方と具体例を示す．

4.2　直線による近似

まず最初に式（4.1）で与えられる n 組みの実験データを直線
$$y = f(x) = a_0 + a_1 x \tag{4.3}$$
で近似する場合を考える（図 **4.1**）．この場合，a_0 と a_1 が決定されるべき未定係数であり，式（4.2）で示される偏差の二乗和 S は式（4.4）のようになる．

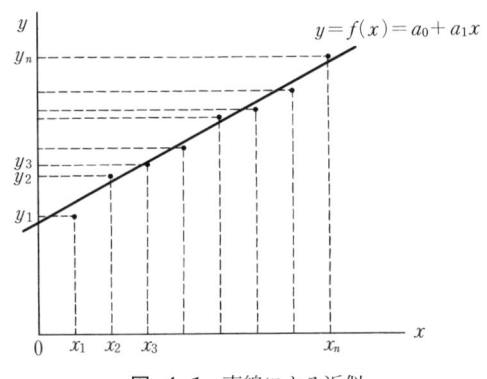

図 **4.1**　直線による近似

$$S = \sum_{i=1}^{n} \{y_i - (a_0 + a_1 x_i)\}^2 \tag{4.4}$$

ここで，S は，a_0, a_1 という2変数の関数であると考えられ，この最小解は必ず存在するから，これが最小になるのは，2変数関数が極値をとるための必要条件，すなわち

$$\frac{\partial S}{\partial a_0} = 0, \quad \frac{\partial S}{\partial a_1} = 0 \tag{4.5}$$

が成り立つ場合であることは明らかである。

この内容を具体的に書くと

$$\frac{\partial S}{\partial a_0} = -2\sum_{i=1}^{n}\{y_i-(a_0+a_1x_i)\} = 0$$

$$\frac{\partial S}{\partial a_1} = -2\sum_{i=1}^{n}x_i\{y_i-(a_0+a_1x_i)\} = 0$$

であり，これからつぎの連立方程式 (4.6) が得られる。

$$\begin{cases} na_0 + a_1\sum_{i=1}^{n}x_i = \sum_{i=1}^{n}y_i \\ a_0\sum_{i=1}^{n}x_i + a_1\sum_{i=1}^{n}x_i^2 = \sum_{i=1}^{n}x_iy_i \end{cases} \quad (4.6)$$

この方程式は，**正規方程式** (normal equation) と呼ばれており，これを解くことによって a_0 と a_1 が求められ，直線の方程式が決定される。

なお，$a_0 = 0$ であることがあらかじめわかっている場合には，式 (4.6) の第2式で $a_0 = 0$ とおいて

$$a_1 = \frac{\sum_{i=1}^{n}x_iy_i}{\sum_{i=1}^{n}x_i^2} \quad (4.7)$$

で a_1 が求められる。

例題 4.1 長方形断面片持ばりの先端に集中荷重 P を作用させ，P を徐々に増やしながら，その点でのたわみ δ をダイヤルゲージで測定した。その結果得られた P と δ の測定データは**表 4.1** のとおりであった。このときつぎの問いに答えよ。

表 4.1 荷重 P とたわみ δ の測定値

i	1	2	3	4	5	6	7	8	9	10
P_i〔MPa〕	20	40	60	80	100	120	140	160	180	200
δ_i〔mm〕	0.12	0.23	0.36	0.46	0.58	0.68	0.83	0.92	1.04	1.15

① $\delta = a_0 + a_1P$ として，最小二乗法で a_0，a_1 の値を決定せよ。

② (本来 $a_0 = 0$ のはずであるので)，$\delta = a_1P$ として，実験データを当ては

めると a_1 はいくらになるか。

③ はりの断面形状は幅が 10 mm, 高さが 20 mm, 長さが 200 mm であるとする。はりの材料は均質であるとするとき, このはりのヤング率 E はいくらであると考えられるか。

【解答】 ① 表の P_i, δ_i が式 (4.1) の x_i, y_i にそれぞれ対応すると考えて, 式 (4.6) を計算すると, つぎのようになる。

$$\left. \begin{array}{r} 10 a_0 + 11\,000 a_1 = 6.37 \\ 1\,100 a_0 + 154\,000 a_1 = 890.2 \end{array} \right\}$$

これを解いて, $a_0 \fallingdotseq -0.01$, $a_1 \fallingdotseq 0.005\,74$

② $a_0 = 0$ とおいた場合, a_1 は式 (4.7) で求めることができて

$$a_1 = \frac{890.2}{154\,000} \fallingdotseq 0.005\,78$$

③ 長方形断面片持ばりの断面二次モーメントを I, 長さを L とし, はりの材料のヤング率を E とすると, はりの先端に作用する荷重 P とたわみ δ の関係は次式で与えられる。

$$\delta = \frac{PL^3}{3EI}, \quad \text{ここで } I = \frac{bh^3}{12} \quad \therefore\ E = \frac{L^3}{3I}\frac{P}{\delta} = \frac{4L^3}{bh^3}\frac{1}{a_1}$$

上式に $a_1 = 0.005\,78$, $b = 10$, $h = 20$, $L = 200$ を代入して E を求めると

$$E = 692\,00 \,[\text{MPa}]$$

$\diamondsuit$

4.3 多項式による近似

つぎに式 (4.1) で与えられる実験データを **m 次の多項式** (polynomial)

$$y = f(x) = a_0 + a_1 x + a_2 x^2 + \cdots + a_m x^m \tag{4.8}$$

で近似する場合を考える。ここで, 一般に m は n より十分小さくとるのが普通である。この場合, 偏差の二乗和は

$$S = \sum_{i=1}^{n} \{y_i - (a_0 + a_1 x_i + a_2 x_i^2 + \cdots + a_m x_i^m)\}^2 \tag{4.9}$$

で与えられる。

この式 (4.9) を最小にする a_0, a_1, a_2, $\cdots$, a_m は, これらを変数と考えたときの m 変数関数が極値をとるための必要条件

によって決定され，これからつぎの正規方程式（4.11）が得られるので，これを $a_0, a_1, a_2, \cdots, a_m$ について解くことにより，多項式の形が決まる。

$$\frac{\partial S}{\partial a_0} = 0, \quad \frac{\partial S}{\partial a_1} = 0, \quad \frac{\partial S}{\partial a_2} = 0, \quad \cdots, \quad \frac{\partial S}{\partial a_m} = 0 \qquad (4.10)$$

$$\begin{bmatrix} n & \sum_{i=1}^{n} x_i & \sum_{i=1}^{n} x_i^2 & \cdots & \sum_{i=1}^{n} x_i^m \\ \sum_{i=1}^{n} x_i & \sum_{i=1}^{n} x_i^2 & \sum_{i=1}^{n} x_i^3 & \cdots & \sum_{i=1}^{n} x_i^{m+1} \\ \vdots & \vdots & \vdots & & \vdots \\ \sum_{i=1}^{n} x_i^m & \sum_{i=1}^{n} x_i^{m+1} & \cdots\cdots\cdots & \sum_{i=1}^{n} x_i^{2m} \end{bmatrix} \begin{Bmatrix} a_0 \\ a_1 \\ \vdots \\ a_m \end{Bmatrix} = \begin{Bmatrix} \sum_{i=1}^{n} y_i \\ \sum_{i=1}^{n} x_i y_i \\ \vdots \\ \sum_{i=1}^{n} x_i^m y_i \end{Bmatrix} \qquad (4.11)$$

式（4.11）からわかるように，多項式の次数 m を大きくすると，係数の値の間にきわめて大きな開きを生じる。しかも一般に非対角項の値のほうが対角項より大きくなってしまい，このことは連立一次方程式の解析精度の点から考えて好ましいことではない。

そこで，多項式の次数はできるだけ低く抑えるのが普通である。また，次数を上げる必要がある場合には

・連立一次方程式は倍精度で解く

・係数の値の変動ができるだけ小さくなるように，測定値（特に x_i のほう）をあらかじめある定数（例えば 10 や 100）で割っておく

などの配慮が必要である。

例題 4.2 大きさ 10 MPa の一軸引張応力（uniaxial tensile stress）σ_0 が作用している帯板のなかに直径 $d = 10$〔mm〕の円孔がある。この円孔の**応力集中係数**（stress concentration factor）を求めるために，穴の縁に応力集中ゲージを貼り，10 点の**ひずみゲージ**（strain gauge）$G_1, G_2, \cdots, G_{10}$ によってひずみを測定した（図 4.2）。

穴に一番近いひずみゲージ G_1 の穴縁からの距離は 1 mm，ひずみゲージの間隔も 1 mm とするとき，つぎの問いに答えよ。

① 測定で得られた各点のひずみ値を応力値に変換した結果は**表 4.2** のよ

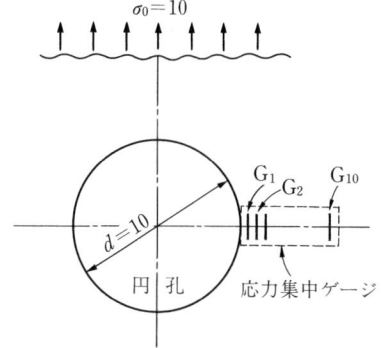

図 4.2 円孔の応力集中の測定

$G_1, G_2, \cdots, G_{10}$：ひずみゲージ

表 4.2 各測定点における応力測定値

x_i [mm]	1	2	3	4	5	6	7	8	9	10
σ_i [MPa]	24.5	20.7	18.1	16.4	15.0	14.2	13.6	13.0	12.4	12.1

うであった．穴近傍の応力 σ の分布を穴縁からの距離 x の三次式で近似せよ．

② 円孔の応力集中係数はいくらか．

─────────────

【解答】 ① この問題の場合，式（4.1）の実験データ x_i を穴縁からの距離，実験データ y_i を測定応力とし，式（4.11）を解いて係数を求めればよい．

電卓で解けないことはないが，計算量が多いので付録に示す最小二乗法のプログラムを使って解くとよい．ここでは結果のみ示すことにすると，次式のとおりである．

$$a_0 = 28.97, \quad a_1 = -5.152, \quad a_2 = 0.5972, \quad a_3 = -0.02519$$

すなわち

$$\sigma = 28.97 - 5.152x + 0.5972x^2 - 0.02519x^3$$

② 穴縁では $x = 0$ なので，$\sigma = \sigma_{\max} \fallingdotseq 29.0$ [MPa]，したがって，応力集中係数 a は

$$a = \frac{\sigma_{\max}}{\sigma_0} = \frac{29.0}{10} = 2.9$$

となる．

(参考) 一方向に一様な引張（あるいは圧縮）応力 σ_0 を受ける無限板のなかに円孔があると，穴の縁に応力の集中を生じ，円孔の中心を通って荷重方向に直角な断面上の応力分布は式（4.12）で与えられる．ただし，a は円孔の半径，x は円孔の中心からの距離である．

$$\sigma = \frac{\sigma_0}{2}\left(2 + \frac{a^2}{x^2} + 3 \times \frac{a^4}{x^4}\right) \tag{4.12}$$

したがって,穴の縁 ($x = a$) では $\sigma = 3\sigma_0$,すなわち応力集中係数は 3 となる。

◇

4.4 指数関数による近似

測定データが**指数関数** (exponential function) に従うことがあらかじめわかっている場合には,その変化を多項式で表すよりも,指数関数形

$$y = f(x) = a_0 \exp(a_1 x) \tag{4.13}$$

で近似すると決定すべき係数が a_0,a_1 の二つで済み,精度的にも好ましい。

なお,式 (4.13) で $\exp(A) = e^A$ を表す。ここでは,このような場合に最小二乗法でデータを整理する方法を示す。式 (4.13) の両辺の対数をとると

$$\log y = \log a_0 + a_1 x \tag{4.14}$$

となるので,$Y = \log y$,$A_0 = \log a_0$ という置換えを行えば

$$Y = A_0 + a_1 x$$

となって,直線近似の式 (4.3) と同じ形になる。

そこで,式 (4.6) によって A_0 と a_1 を決定し,そのあと $a_0 = \exp(A_0)$ によって a_0 を求めればよいことになる。

例題 4.3 一端を固定したばねの他端におもりを取り付け,平衡位置から軸方向に少し引き伸ばしたあと手放して振動させたところ,1回ごとの最大振幅の測定値は**表 4.3** のようになった。

このとき,振動回数 n (最初に引き伸ばした状態を $n=0$ する) と最大振幅 δ の間に

表 4.3 ばねの最大振幅の変化

i	1	2	3	4	5	6	7	8	9	10
δ_i 〔mm〕	8.81	7.50	6.65	5.64	5.12	4.40	3.89	3.31	2.83	2.39

$$\delta = a_0 \exp(a_1 n) \qquad (4.15)$$

という関係が成り立つものとして，a_0, a_1 を決定せよ．

【解答】 δ と n が式（4.13）の y, x にそれぞれ対応するものと考えればよい．

最大振幅の測定値 δ_i に対してその対数 $\varDelta_i = \log \delta_i$ を考え，$A_0 = \log a_0$ とすると，近似式は $\varDelta = A_0 + a_1 n$ となるので，直線による近似の場合に従って，まず A_0 と a_1 を決定すればよい．

$\varDelta_i$ の値は $\varDelta_1$ から順に 2.176, 2.015, 1.895, 1.730, 1.633, 1.482, 1.358, 1.197, 1.040, 0.916 となるから，これらの数値を使って式（4.6）を計算すると

$$A_0 = \log a_0 = 2.308, \quad a_1 = -0.139$$

が得られる．したがって，$a_0 = 10.05$ であり

$$\delta = 10.05\, e^{-0.139 n}$$

となる．

（参考） この問題のように振幅が漸減していくような振動を**減衰振動**（damped vibration）といい，おもりの振動を妨げようとする減衰力がおもりの速度に比例する場合（**粘性減衰**），おもりの**運動方程式**（equation of motion）は

$$m\ddot{x} + \beta \dot{x} + kx = 0 \qquad (4.16)$$

で表される．

ここで，$\dot{x}$, $\ddot{x}$ はおもりの位置（変位）x を時間でそれぞれ 1 回微分，2 回微分したものであり，m はおもりの質量，k はばね定数である．また，$\beta \dot{x}$ は減衰項で，β は**粘性減衰係数**と呼ばれる量である．

方程式（4.16）の解は減衰が小さい場合，振動解となり，式（4.17）で与えられることが知られている．

$$x = \delta_0 \exp\left(-\frac{\beta}{2m} t\right) \cos \sqrt{\frac{k}{m} - \frac{\beta^2}{4m^2}}\, t \qquad (4.17)$$

ただし，ばねを δ_0 だけ引き伸ばして手放した瞬間を $t=0$ とする．したがって，最大振幅は時間 t の指数関数で表されることになる． ◇

4.5 既知関数の線形結合による近似

ここでは，式（4.1）の形で得られた物理量 x, y についての測定データを既知関数 $f_1(x)$, $f_2(x)$, $\cdots$, $f_m(x)$ の**線形結合**（linear combination）の形，すなわち

$$y = a_1 f_1(x) + a_2 f_2(x) + \cdots + a_m f_m(x) \tag{4.18}$$

で近似することを考える．ここで，a_1, a_2, $\cdots$, a_m が決定されるべき係数である．

最小二乗法の考え方に基づいて，この形の近似式を求める方法は**線形最小二乗法**と呼ばれていて，すでに述べた直線近似や多項式近似はこの近似の特殊な場合であると考えることができる．

未知の係数 a_1, a_2, $\cdots$, a_m を決定する手順は **4.3** 節で示した方法とまったく同じである．

すなわち，偏差の二乗和は，いまの場合

$$S = \sum_{i=1}^{n} \{y_i - a_1 f_1(x_i) - a_2 f_2(x_i) - \cdots - a_m f_m(x_i)\}^2 \tag{4.19}$$

で与えられるから，この式を最小にする a_1, a_2, $\cdots$, a_m に対して

$$\frac{\partial S}{\partial a_j} = -2 \sum_{i=1}^{n} f_j(x_i) \{y_i - a_1 f_1(x_i) - a_2 f_2(x_i) - \cdots - a_m f_m(x_i)\} = 0$$

$$(j = 1, 2, \cdots, m) \tag{4.20}$$

が成り立ち，これからつぎの方程式 (4.21) が得られる．

$$\begin{bmatrix} \sum_{i=1}^{n} \{f_1(x_i)\}^2 & \sum_{i=1}^{n} f_1(x_i) f_2(x_i) & \cdots & \sum_{i=1}^{n} f_1(x_i) f_m(x_i) \\ \sum_{i=1}^{n} f_1(x_i) f_2(x_i) & \sum_{i=1}^{n} \{f_2(x_i)\}^2 & \cdots & \sum_{i=1}^{n} f_2(x_i) f_m(x_i) \\ \vdots & \vdots & \vdots & \vdots \\ \sum_{i=1}^{n} f_1(x_i) f_m(x_i) & \sum_{i=1}^{n} f_2(x_i) f_m(x_i) & \cdots & \sum_{i=1}^{n} \{f_m(x_i)\}^2 \end{bmatrix} \begin{Bmatrix} a_1 \\ a_2 \\ \vdots \\ a_m \end{Bmatrix}$$

$$= \begin{Bmatrix} \sum_{i=1}^{n} y_i f_1(x_i) \\ \sum_{i=1}^{n} y_i f_2(x_i) \\ \vdots \\ \sum_{i=1}^{n} y_i f_m(x_i) \end{Bmatrix} \tag{4.21}$$

この連立一次方程式を a_1, a_2, $\cdots$, a_m について解けば，式 (4.18) の形が

決定されることになる。

例題 4.4 周期 2π 秒で変動している回転体の支点反力を，0.4秒間隔で8秒間測定し，**表 4.4** のような測定データを得た。

表 4.4 測定データ

306	550	402	230	350	492	330	190	331	390
198	120	308	355	121	94	406	531	340	228
425									

ただし，単位は N（ニュートン）であり，最初の数値が $t=0$ における値，最後の数値が $t=8$ における値である。

この支点反力 R〔N〕と時間 t〔s〕の関係を
$$R = a_1 + a_2 \sin t + a_3 \sin 2t + a_4 \sin 3t + a_5 \sin 4t$$
で近似し，本節で示した方法によって係数 a_1〜a_5 を決定せよ。

【解答】 $f_1(t) = 1$, $f_2(t) = \sin t$, $f_3(t) = \sin 2t$, $f_4(x) = \sin 3t$, $f_5(t) = \sin 4t$ とし，式 (4.21) を解いて係数を求めると，次式のようになる。
$$R = 295.8 + 87.6 \sin t + 21.6 \sin 2t + 44.2 \sin 3t + 149.4 \sin 4t$$

図 4.3 は横軸に時間 t を，縦軸に支点反力 R をとり，測定データと近似曲線を重ねて示したものである。きわめて良好な近似が行われていることがわかる。　◇

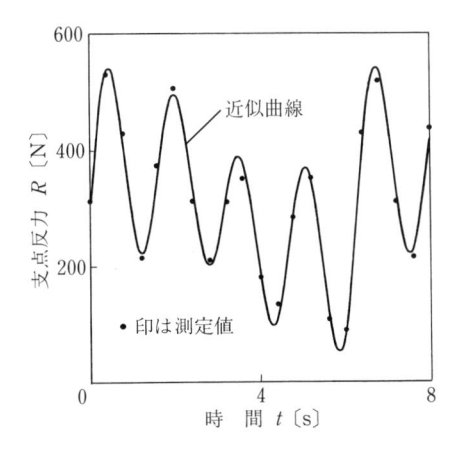

図 4.3 支点反力測定値と近似曲線との対応

46   4. 最小二乗法

線形最小二乗法の適用に際しては，測定データの性状（増減の状態や周期性など）をよく吟味したうえで採用する関数 $f_i(x)$ の形とその数 (m) を選ぶ必要がある。その選択を誤ると，近似の精度が著しく低下するからである。

演 習 問 題

【1】（1） 距離 $l = 400\,\mathrm{mm}$ だけ離れた水平な支点間に長方形断面の棒を置き，中央に荷重をかけて，荷重点のたわみをダイヤルゲージで測定したところ，荷重 P とダイヤルゲージの読み δ に対して**問表 4.1** のような結果が得られた。P と δ との関係を $\delta = a_0 + a_1 P$ という直線関係で表し，最小二乗法を用いて，係数 a_0，a_1 を決定せよ。

問表 4.1 両端支持ばりのたわみの測定データ

荷重 P〔MPa〕	10	20	30	40	50	60	70	80	90	100
たわみ δ〔mm〕	0.21	0.43	0.66	0.88	1.10	1.30	1.53	1.72	1.96	2.16

（2） 中央に集中荷重を受ける両端支持ばりの荷重点のたわみは，次式で与えられる。

$$\delta = \frac{Pl^3}{48EI}$$

ただし，I は棒の断面二次モーメントであり，長方形断面の場合，幅を b，高さを h として，$I = bh^3/12$ で与えられる。
$b = 15$，$h = 8$ とするとき，この棒のヤング率 E はいくらになるか。

【2】基準接点の温度を 0〔℃〕，測温節点の温度を t〔℃〕に保って，クロメル-アルメル熱電対の起電力 E〔mV〕を測定したところ，**問表 4.2** のようなデータが得られた。E と t の関係を $E = a_1 t$ とし，最小二乗法によって係数 a_1 を決定せよ。

問表 4.2 クロメル-アルメル熱電対の起電力測定データ

温度 t〔℃〕	20	40	60	80	100	120	140	160	180	200
起電力 E〔mV〕	0.80	1.62	2.44	3.30	4.10	4.93	5.70	6.56	7.32	8.15

【3】（1） ある回転部品の，最大応力が発生すると思われる点を選んでひずみゲージを貼り，回転数と測定応力の関係を調べたところ，**問表 4.3** のようになった。σ と n の関係を $\sigma = a_1 n^2$ とし，最小二乗法によって係数 a_1 を決定せよ。
（2） 回転部品の許容応力を $\sigma_{al} = 400$〔MPa〕とするとき，許容回転数はい

演 習 問 題　　47

問表 4.3　回転体に発生する応力

回転数 n [rpm]	100	150	200	250	300	350	400
応　力 σ [MPa]	16.0	44.0	74.0	121.0	165.0	233.0	305.0

くらになるか。

【4】 問図 4.1 に示す半径 50 mm，厚さ 5 mm の円板の中心を基点として，5 mm 間隔でひずみゲージを 10 点貼り，圧縮荷重 $P = 50$ [kN] によって発生する応力を測定した。その結果は**問表 4.4** のようであった。

この測定（圧縮）応力 σ の分布を中心からの距離 r の四次式で近似し，最小二乗法によって係数を決定せよ。

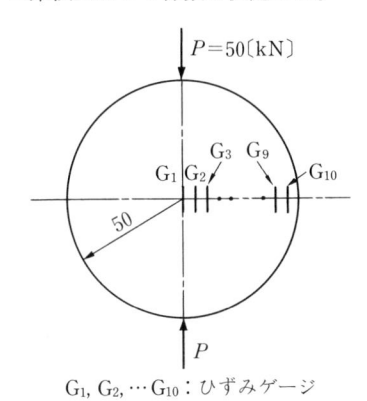

問図 4.1　円板の圧縮によって発生する応力の測定

$G_1, G_2, \cdots G_{10}$：ひずみゲージ

問表 4.4　円板に発生する圧縮応力の測定データ

距　離 x [mm]	0	5	10	15	20	25	30	35	40	45
応　力 σ [MPa]	192.3	183.0	170.5	155.2	124.3	99.6	72.2	51.0	32.5	15.0

【5】 厚さ 2 mm，一辺の長さ 200 mm の正方形板の四辺を固定し，一方の面に一様な圧力 p を作用させて，その値を徐々に増やしたところ，板の中央のたわみ w は**問表 4.5** のようになった。このときの w の変化を，最小二乗法を使って p の五次式で近似せよ。

（参考）　板の最大たわみが板厚の 1/2 を超えるころから，圧力とたわみの直線性がなくなる。このような状態を大たわみ(large deflection)といい，それに対して通常，われわれが扱っているのは荷重とたわみが比例する微小たわみ(small deflection) の現象である。

問表 4.5 正方形板の大たわみ

圧力 p 〔MPa〕	0.2	0.4	0.6	0.8	1.0	1.2	1.4	1.6	1.8	2.0
たわみ δ 〔mm〕	1.41	2.40	3.09	3.57	4.00	4.38	4.65	4.92	5.25	5.49

【6】 問図 4.2 の回路において，スイッチを閉じたあと回路に流れる電流 i の時間変化を測定したところ，問表 4.6 のようになった。

（1）このデータを用い，スイッチを閉じた後の時間 t と電流 i の関係を
$$i = a_0 \exp(a_1 t)$$
の形で近似して，係数 a_0 と a_1 を決定せよ。

（2）$a_0 = E/R$, $a_1 = -1/(RC)$ という関係がある。これを知って R と C の値を決定せよ。ただし，$E = 100$〔V〕とする。

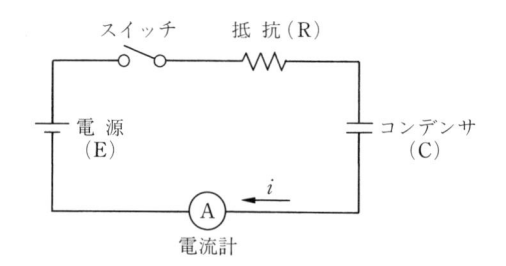

問図 4.2 RC 直列回路を流れる電流の測定

問表 4.6 回路に流れる電流の時間変化

時間 t 〔s〕	0	0.04	0.08	0.12	0.16	0.20	0.24	0.28	0.32	0.36	0.40
電流 i 〔mA〕	49.2	40.7	33.6	27.4	22.2	18.4	15.2	12.2	10.0	8.3	6.8

【7】 初期強度 I_0 の光が吸収係数（absorption coefficient）k の媒体中を x〔m〕進むと，強度 I は
$$I = I_0 \exp(-kx)$$
に低下する。

ある樹脂の吸収係数を測定しようと思い，厚さ 5 mm の樹脂を 1 枚ずつ積み重ねて，そのつど樹脂を透過した後の光の強度を測定したところ，得られた強度

問表 4.7 樹脂を透過した後の光の強さ

樹脂の厚さ d 〔mm〕	5	10	15	20	25	30	35	40	45	50
I/I_0	0.910	0.829	0.754	0.687	0.625	0.569	0.518	0.471	0.429	0.391

は**問表 4.7**のように変化した。

この表の $I_n (= I/I_0)$ と樹脂厚さ x の関係を最小二乗法によって指数関数で近似し，吸収係数 k を求めよ．

【8】 時間とともに周期的に変動している荷重を $t = 0$ から $t = 5 [s]$ まで 0.2 秒間隔で測定し，**問表 4.8** のようなデータを得た．

この変動荷重 $P [N]$ と時間 $t [s]$ の関係を

$$R = a_1 + a_2 \sin \frac{\pi}{2} t + a_3 \sin \pi t + a_4 \sin \frac{3}{2} \pi t$$

で近似して係数を決定せよ．

問表 4.8 測定データ

192	310	390	312	251	165	220	252	332	272
188	126	81	140	188	235	150	72	24	85
216	310	390	305	251	168				

5

数 値 積 分

　理工学問題を解く過程で，微分計算や積分計算が必要になる場合はきわめて多い．

　微分と積分は逆演算であるが，積分は一般に微分より実行が困難であって厳密な解が求められない場合も多く，このような場合に積分値を得るためには，数値的手法，すなわち**数値積分**（numerical integration）法に頼るのが普通である．

　本章では，数値積分の代表的な手法である**台形公式**（trapezoidal rule），**シンプソンの公式**（Simpson's rule），および**ガウスの数値積分法**（Gauss quadrature formula）の概要と，ガウスの数値積分法を**多重積分**（multiple integral）に拡張する方法について説明する．

5.1 台 形 公 式

　簡単のため，考えている x の範囲（$a \leq x \leq b$）で $f(x) \geq 0$ とすると，定積分

$$I = \int_a^b f(x)\,dx \tag{5.1}$$

は曲線 $y = f(x)$ と直線 $x = a$，$x = b$，$y = 0$（x軸）で囲まれた領域の面積を表す．

　台形公式はこの領域を台形の集合体で近似することによって，面積の近似値を求める方法である．

　図 5.1 に示すように，積分区間 $[\,a,\ b\,]$ を n 等分して**刻み幅**（step size）を

5.1 台形公式

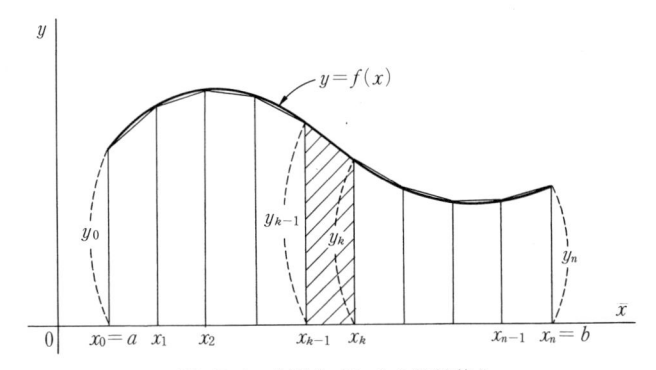

図 **5.1** 台形公式による数値積分

$$h = \frac{b-a}{n} \tag{5.2}$$

とおき，各分点の x 座標を

$$x_0\,(=a),\ x_1,\ x_2,\ \cdots,\ x_{k-1},\ x_k,\ \cdots,\ x_{n-1},\ x_n\,(=b)$$

とすれば

$$x_k = a + kh \quad (k = 0,\ 1,\ 2,\ \cdots,\ n) \tag{5.3}$$

である。x_k に対応する関数の値を $y_k = f(x_k)$ としておく。

x 軸上の $(n+1)$ 個の分点とそれに対応する曲線上の点，および曲線上の $(n+1)$ 個の点を線分で結ぶと，考えている領域は n 個の台形に分割される。

k 番目の台形の面積は

$$S_k = \frac{h}{2}(y_{k-1} + y_k) \tag{5.4}$$

であるから，これらの和を I_n とすると，求める定積分 I は近似的に式 (5.5) で与えられることになる。

$$\begin{aligned} I \fallingdotseq I_n &= \sum_{k=1}^{n} S_k = \frac{h}{2}(y_0 + y_1) + \frac{h}{2}(y_1 + y_2) + \cdots + \frac{h}{2}(y_{n-1} + y_n) \\ &= \frac{h}{2}\{y_0 + y_n + 2(y_1 + y_2 + \cdots + y_{n-1})\} \end{aligned} \tag{5.5}$$

これが台形公式である。この公式を使って求められる積分値の誤差を E_T とするとき

$$E_T \leq \left|\frac{nh^3}{12}f''_{\max}\right| = \left|\frac{(b-a)h^2}{12}f''_{\max}\right| \tag{5.6}$$

であることが知られている。ここで，$f''_{\max}$ は区間 $[a, b]$ における $f(x)$ の第二次導関数の最大値である。

式 (5.6) より，台形公式で分割数を 2 倍に増やす（刻み幅 h を半分にする）と，誤差は 1/4 に減少することがわかる。

つぎに分割数を倍に増やし，同じ区間 $[a, b]$ を $2n$ 等分する場合の計算法を考えよう。この場合，分割数が $2n$ になったとして，基本公式 (5.5) を適用してももちろんかまわないが，n 分割の場合の結果 I_n を活かせる方法を導こう。

分点に対する関数 $y = f(x)$ の値をそれぞれ

$$y_0, \ y_1, \ y_2, \ \cdots, \ y_{2k-1}, \ y_{2k}, \ \cdots, \ y_{2n-1}, \ y_{2n}$$

とすると，$y_0, \ y_2, \ y_4, \ \cdots, \ y_{2n}$ はもともとあった $(n+1)$ 個の分点における関数の値に対応し，$y_1, \ y_3, \ \cdots, \ y_{2n-1}$ はこれらの中間点における，新しく発生した分点での関数の値である。

式 (5.2) で与えられる h を用いることにすると，今回の刻み幅は $h/2$ であるから，台形公式による定積分の近似値 I_{2n} は式 (5.7) で与えられる。

$$I_{2n} = \frac{h}{4}\{y_0 + y_{2n} + 2(y_1 + y_2 + \cdots + y_{2n-1})\} \tag{5.7}$$

ここで，中間点での関数の値の和に h を乗じたものを I_m とすると

$$I_m = h(y_1 + y_3 + \cdots + y_{2n-1}) \tag{5.8}$$

であり

$$I_{2n} = \frac{1}{2}\left[\frac{h}{2}\{y_0 + y_{2n} + 2(y_2 + y_4 + \cdots + y_{2n-2})\} + h(y_1 + y_3 + \cdots + y_{2n-1})\right]$$

$$= \frac{1}{2}(I_n + I_m) \tag{5.9}$$

となる。すなわち，$2n$ 分割した場合の定積分の近似値 I_{2n} が I_n と I_m の平均値として得られることになる。

例題 5.1 分割数 8 に対して式 (5.5) を，分割数 16 に対して式 (5.9)

を使ってつぎの定積分を求めよ．

$$I = \int_0^1 \frac{1}{1+x^2}\,dx$$

【解答】 $n=8$ とすると，刻み幅 $h=0.125$ である．分割数 8 のときの $y_0 \sim y_8$ の値と，分割数 16 のときの $y_1, y_3, \cdots, y_{15}$ の値を**表 5.1** に示す．

表 5.1 積分計算に用いた関数の値

(a) 8 分割のとき

k	y_k
0	1.000 000 0
1	0.984 615 4
2	0.941 176 5
3	0.876 712 3
4	0.800 000 0
5	0.719 101 1
6	0.640 000 0
7	0.566 371 7
8	0.500 000 0

(b) 16 分割のとき

k	y_k
1	0.996 108 9
3	0.966 037 8
5	0.911 032 0
7	0.839 344 3
9	0.759 643 9
11	0.679 045 1
13	0.602 352 9
15	0.532 224 5

表 (a) の $y_0 \sim y_8$ 値を用い，まず式 (5.5) で I_8 を計算すると

$$I_8 = 0.784\,747\,1$$

である．つぎに表 (b) の $y_1, y_3, \cdots, y_{15}$ を使って式 (5.8) で I_m を計算すると

$$I_m = 0.785\,723\,7$$

であり，したがって

$$I_{16} = \frac{I_8 + I_m}{2} = 0.785\,235\,4$$

となる．

この問題における正解は $I = \pi/4 \fallingdotseq 0.785\,398\,2$ なので，16 分割の場合，小数点以下 3 けたまで正しいことになる．

分割数 n がさらに多くなると，電卓レベルの計算では手間がかかるので，コンピュータを利用すべきであろう．この問題で，n を増加させたときの I の変化を，式 (5.5) を使い倍精度計算で求めた結果は，**表 5.2** のとおりである．台形公式の場合，小数点以下 7 けたまで有効な数値を得るには，分割数を 1 024 以上に増やす必要があることがわかる． ◇

表 5.2 分割数による積分値の変化
(台形公式の場合)

分割数 n	積分値	分割数 n	積分値
16	0.785 235 4	256	0.785 397 5
32	0.785 357 5	512	0.785 398 0
64	0.785 388 0	1 024	0.785 398 1
128	0.785 395 6	2 048	0.785 398 2

5.2 シンプソンの公式

台形公式が曲線 $y = f(x)$ $(a \leqq x \leqq b)$ を n 本の折れ線で近似して領域の面積の近似値を求める方法であったのに対して，ここで述べる**シンプソンの公式**は曲線 $y = f(x)$ を微小な放物線の集まりで近似することにより，近似精度の改善を図ろうとする方法である．

図 5.2 (a) に示すように，積分区間を $2n$ 等分して各分点の x 座標を

$$x_0(=a),\ x_1,\ x_2,\ \cdots,\ x_{2k-2},\ x_{2k-1},\ x_{2k},\ \cdots,\ x_{2n-2},\ x_{2n-1},\ x_{2n}(=b)$$

とおくと，**刻み幅**(分点の間隔) h は

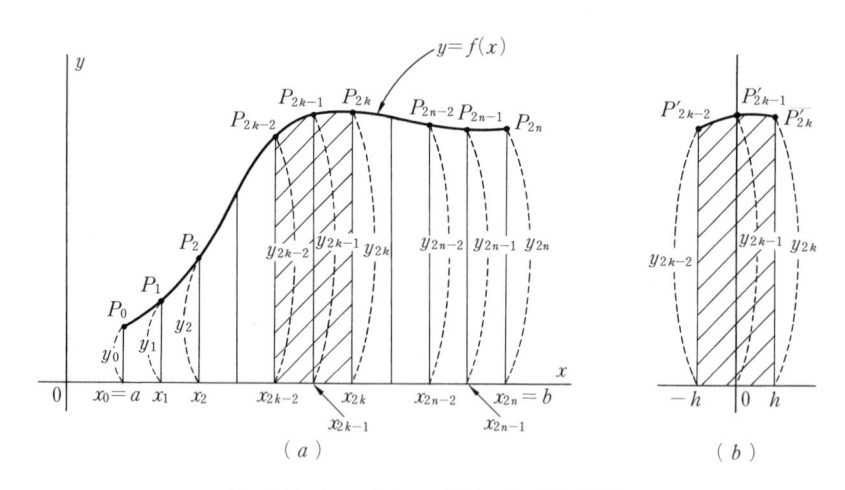

図 5.2 シンプソンの公式による数値積分

$$h = \frac{b-a}{2n} \tag{5.10}$$

である．

これらの分点に対応する関数 $y = f(x)$ の値と曲線上の点を，それぞれ

$$y_0, \ y_1, \ y_2, \ \cdots, \ y_{2k-2}, \ y_{2k-1}, \ y_{2k}, \ \cdots, \ y_{2n-2}, \ y_{2n-1}, \ y_{2n}$$

$$P_0, \ P_1, \ P_2, \ \cdots, \ P_{2k-2}, \ P_{2k-1}, \ P_{2k}, \ \cdots, \ P_{2n-2}, \ P_{2n-1}, \ P_{2n}$$

とすると，曲線 $y = f(x)$ と x 軸，および $x = x_{2k-2}$，$x = x_{2k}$ で囲まれる図形の面積 S_k の近似値をつぎのようにして求めることができる．

計算を簡単にするために，$x = x_{2k-1}$ が y 軸に一致するまでこの図形を平行移動し，P_{2k-2}, P_{2k-1}, P_{2k} に対応する P'_{2k-2}, P'_{2k-1}, P'_{2k} を通る放物線を描いて，この方程式を $y = px^2 + qx + r$ とすると〔図 (b)〕，

$x = -h$ のとき $y = y_{2k-2}$ だから，$y_{2k-2} = ph^2 - qh + r$

$x = 0$ のとき $y = y_{2k-1}$ だから，$y_{2k-1} = r$

$x = h$ のとき $y = y_{2k}$ だから，$y_{2k} = ph^2 + qh + r$

である．

この三つの式を p, q, r について解くと

$$p = \frac{1}{2h^2}(y_{2k-2} + y_{2k} - 2y_{2k-1}), \quad q = \frac{1}{2h}(y_{2k} - y_{2k-2}), \quad r = y_{2k-1} \tag{5.11}$$

したがって，S_k の近似値が

$$S_k \fallingdotseq \int_{-h}^{h}(px^2 + qx + r)\,dx = \frac{2}{3}ph^3 + 2rh = \frac{h}{3}(y_{2k-2} + 4y_{2k-1} + y_{2k}) \tag{5.12}$$

で与えられる．

求める領域の面積 I の近似値は，この $S_k (k = 1, 2, \cdots, n)$ を加え合わせることによって求めることができて

$$I = \int_a^b f(x)\,dx \fallingdotseq \sum_{k=1}^n S_k = \frac{h}{3}\sum_{k=1}^n (y_{2k-2} + 4y_{2k-1} + y_{2k})$$

$$= \frac{h}{3}\{y_0 + y_{2n} + 4(y_1 + y_3 + \cdots + y_{2n-1}) + 2(y_2 + y_4 + \cdots + y_{2n-2})\}(= I_s)$$
(5.13)

となる。

これがシンプソンの公式であり，この近似式で得られる誤差を E_s とすると

$$E_s \leqq \frac{b-a}{180} h^4 |f_{\max}^{(4)}| \tag{5.14}$$

となることが知られている。ただし，$f_{\max}^{(4)}$ は区間内における第四次導関数の最大値である。

この式 (5.14) より，シンプソンの公式の場合，分割数を 2 倍にすると，誤差が 16 分の 1 になることがわかる。

例題 5.2 例題 5.1 と同じ問題を分割数 $2n = 16$ として，シンプソンの公式 (5.13) を使って解け。

【解答】 表 5.1 (a) の $y_0 \sim y_8$ の値は 16 分割のときの y_0, y_2, $\cdots$, y_{14}, y_{16} に対応するので，表の関数の値をそのまま使って定積分の近似値 I_s を求めることができる。

その結果は，$I_s = 0.785\,398\,2$ であり，末位まで正しい値となった。 ◇

5.3 ガウスの数値積分法

台形公式とシンプソンの公式では分割点を等間隔にとり，これらの点での関数の値に基づいて積分値を求めた。これに対して**ガウスの数値積分法**では，式 (5.15) のような数値積分の形を考える。

$$I_n = \sum_{j=1}^{n} W_j f(a_j) \tag{5.15}$$

ここで，W_j は**重み係数**（weight factor），a_j は関数の値を計算する点〔**ガウス点**（Gauss point），あるいは**積分点**と呼ばれる〕である。

すなわち，ガウスの数値積分法は，積分点における関数の値 $f(a_j)$ と，その

点に対する重み係数 W_j との積和の形で定積分の近似値を求めるものであり，積分点の位置と重み係数は，できるだけ高い次数の多項式まで正しい結果が得られるように決定されている．

なお，ガウスの積分法のうち，積分区間が $[-1,\ 1]$ のものは**ガウス-ルジャンドル積分公式**（Gauss-Legendre quadrature formula）と呼ばれている．

式（5.1）で示される定積分において，変数を

$$x = \frac{1}{2}(1-t)a + \frac{1}{2}(1+t)b \ \ (= g(t) \text{ とおく}) \tag{5.16}$$

によって x から t に変換すると

$$\int_a^b f(x)\,dx = \frac{b-a}{2}\int_{-1}^1 f(g(t))\,dt \tag{5.17}$$

となって，積分範囲を $[-1,\ 1]$ に変換できるので，以下では，ガウス-ルジャンドルの積分公式のみについて考えることにする．

式（5.15）には，決定すべき未知数 W_j, a_j $(j=1,\cdots,n)$ がそれぞれ n 個，合計 $2n$ 個あるので，これらの値をうまく定めれば，$(2n-1)$ 次の多項式までの積分を正しく求めることができるはずである．

そこで

$$f(x) = x^k \ \ (k = 0,\ 1,\ 2,\ \cdots,\ 2n-1) \tag{5.18}$$

とおき，それぞれの k の値に対してガウスの数値積分法で正しい積分値が得られたとすると

- $k=0$ のときは $f(x)=1$ なので，$W_1+W_2+\cdots+W_n = \int_{-1}^1 1\,dx = 2$
- $k=1$ のときは $f(x)=x$ なので，$W_1 a_1 + W_2 a_2 + \cdots + W_n a_n$

  $= \int_{-1}^1 x\,dx = 0$

  $\vdots$

- $k=2n-2$ のとき，$W_1 a_1^{2n-2} + W_2 a_2^{2n-2} + \cdots + W_n a_n^{2n-2}$

  $= \int_{-1}^1 x^{2n-2} dx = \dfrac{2}{2n-1}$

・$k = 2n-1$ のとき，$W_1 a_1^{2n-1} + W_2 a_2^{2n-1} + \cdots + W_n a_n^{2n-1} = \int_{-1}^{1} x^{2n-1} dx = 0$

となって，未知数 W_j, $a_j (j = 1, \cdots, n)$ についての $2n$ 個の連立方程式が得られる。

そこで，これを解けば重み係数 W_j と積分点の座標 a_j が求められることになるが，これらの式は a_j について非線形であるので，これを解くのは容易ではない。

しかしながら，ガウス-ルジャンドル積分公式の n 個の積分点は，n 次の**ルジャンドル多項式** (Legendre polynomial) $P_n(x)$ の n 個のゼロ点〔$P_n(x) = 0$ となる x の値〕に一致することが知られているので，それを利用すれば，比較的容易に積分点の座標を求めることができる。

本書の範囲を超えているので，詳細については省略するが，参考までにルジャンドル多項式のうち $P_0(x) \sim P_5(x)$ を示すと，以下のとおりである。

$$\left. \begin{array}{l} P_0(x) = 1, \quad P_1(x) = x, \quad P_2(x) = \dfrac{1}{2}(3x^2 - 1), \quad P_3(x) = \dfrac{1}{2}x(5x^2 - 3) \\[2mm] P_4(x) = \dfrac{1}{8}(35x^4 - 30x^2 + 3), \quad P_5(x) = \dfrac{x}{8}(63x^4 - 70x^2 + 15) \end{array} \right\}$$

$$(5.19)$$

また，つぎの漸化式 (5.20) が成り立つので，これを使えばより高次のルジャンドル多項式を求めることもできる。

$$n P_n(x) = (2n-1) x P_{n-1}(x) - (n-1) P_{n-2}(x), \quad n \geq 2 \qquad (5.20)$$

これらの式のゼロ点として積分点の座標が求められると，それに対応する重み係数の値もルジャンドル多項式から得られる。詳しくは巻末に示した参考文献 9), 17) を参照されたい。

式 (5.19) からわかるように，積分点の座標は絶対値の等しい正と負の値が対になっている。また，積分点の数が奇数のとき，座標値の一つは 0 である。**表 5.3** に，$n = 6$ までの積分点の座標と重み係数をまとめて示した。

表 5.3 ガウスの積分公式における積分点座標と重み係数

n	a_j	W_j
1	0	2.000 000 000
2	±0.577 350 269	1.000 000 000
3	±0.774 596 669 0	0.555 555 556 0.888 888 889
4	±0.861 136 311 ±0.339 981 043	0.347 854 845 0.652 145 154
5	±0.906 179 846 ±0.538 469 310 0	0.236 926 885 0.478 628 670 0.568 888 889
6	±0.932 469 514 ±0.661 209 386 ±0.238 619 186	0.171 324 492 0.360 761 573 0.467 913 935

ガウスの数値積分公式は，少ない積分点で高い精度の積分値が得られるという利点があるが，積分点の座標と重み係数は一般に複雑な無理数であり，また，その値が積分点数によって異なるため，積分点数を変えたときにはそれらの点での関数の値を新たに計算し直さなければならない，というマイナス面もある．

例題 5.3 式 (5.19) の $P_1(x)$, $P_2(x)$ および式 (5.20) を用いて，式 (5.19) の $P_3(x)$ を導け．

【解答】 式 (5.20) で $n=3$ とすれば
$$3P_3(x) = 5xP_2(x) - 2P_1(x) = 5x \times \frac{1}{2}(3x^2-1) - 2x = \frac{3x}{2}(5x^2-3)$$
$$\therefore P_3(x) = \frac{x}{2}(5x^2-3) \qquad \diamondsuit$$

例題 5.4 積分点の数を 4 として，**例題 5.1** と同じ問題を解け．

【解答】 積分区間を $[0, 1]$ から $[-1, 1]$ に変更するために，$t = 2x-1$ によって変数を x から t に変更すると，$x = (t+1)/2$, $dx = dt/2$ だから，求める定積分は

$$I = \int_{-1}^{1} \frac{1}{1+(1/4)(t+1)^2} \frac{dt}{2} = \int_{-1}^{1} \frac{2}{4+(t+1)^2} dt$$

と変換される。

被積分関数を $f(t)$ とおくと，t に四つの積分点座標を代入したときの $f(t)$ の値はつぎのとおりである。

$t_1 = -0.861\,136\,3$ のとき $f(t_1) = 0.497\,601\,2$，重み係数は $W_1 = 0.347\,854\,8$

$t_2 = -0.339\,981\,0$ のとき $f(t_2) = 0.450\,894\,7$，重み係数は $W_2 = 0.652\,145\,2$

$t_3 = 0.339\,981\,0$ のとき $f(t_3) = 0.345\,092\,4$，重み係数は $W_3 = 0.652\,145\,2$

$t_4 = 0.861\,136\,3$ のとき $f(t_4) = 0.267\,959\,0$，重み係数は $W_4 = 0.347\,854\,8$

$$\therefore I \fallingdotseq \sum_{j=1}^{4} f(t_j) W_j = 0.785\,403$$

となり，正解に近い値が得られる。 ◇

5.4 多重積分の数値解法

ガウスの数値積分法は，積分領域が長方形あるいは直方体であるような**二重積分，三重積分**に対して容易に適用することができる。この場合，積分区間は **5.3** 節に示した方法で $[-1, 1]$ に変換できるので，ここでは，その場合に限定して示すことにする。数値積分公式はつぎのとおりである。

$$\int_{-1}^{1}\int_{-1}^{1} f(u, v) \, du \, dv = \sum_{i=1}^{n}\sum_{j=1}^{n} W_i W_j f(a_i, a_j) \tag{5.21}$$

$$\int_{-1}^{1}\int_{-1}^{1}\int_{-1}^{1} f(t, u, v) \, dt \, du \, dv = \sum_{i=1}^{n}\sum_{j=1}^{n}\sum_{k=1}^{n} W_i W_j W_k f(a_i, a_j, a_k) \tag{5.22}$$

ここで，n は一方向の積分点の数である。また，添え字付きの a，W は積分点の座標と重み係数であって，**表 5.3** の値をそのまま使うことができる。

二重積分で $n=2$ の場合を例にとって式（5.21）を具体的に書くと，式（5.23）のようになる。

$$\begin{aligned}
\int_{-1}^{1}&\int_{-1}^{1} f(u, v) \, du \, dv \\
&= W_1 W_1 f(a_1, a_1) + W_1 W_2 f(a_1, a_2) + W_2 W_1 f(a_2, a_1) \\
&\quad + W_2 W_2 f(a_2, a_2)
\end{aligned} \tag{5.23}$$

例題 5.5 回転放物面 $z = f(x, y) = x^2 + y^2$ と平面 $x = 1$, 平面 $y = 2$ および三つの座標平面によって囲まれる部分の体積 V を求めよ.

【解答】 この体積は
$$V = \int_0^1 \int_0^2 (x^2 + y^2) \, dy dx$$
によって求めることができて，$V = 10/3$ であるが，ここではこれをガウスの積分公式を使い，一方向の積分点数を 2 として求めてみよう．

積分区間を $[-1, 1]$ に変更するために，$x = (1+u)/2$，$y = 1+v$ によって変数を x, y から u, v に変換すると，$dy = dv$, $dx = du/2$ なので，上式はつぎのようになる．
$$V = \int_{-1}^1 \int_{-1}^1 \left\{ \frac{1}{4}(1+u)^2 + (1+v)^2 \right\} \frac{1}{2} du dv$$

ここで，被積分関数を $f(u, v) = \{(1+u)^2/4 + (1+v)^2\}/2$ とおき，積分点数が 2 の場合の積分点座標，およびそれに対応する重み係数

$a_1 = -0.577\,350\,3$, $a_2 = 0.577\,350\,3$, $W_1 = 1$, $W_2 = 1$

を使えば，式 (5.23) によって体積の近似値を求めることができる．

右辺の各項の計算経過は省略することにして，結果を示すと以下のとおりであり，最終けたまで正しい値となる．

$V \fallingdotseq 0.111\,645\,5 + 1.266\,346\,1 + 0.400\,320\,6 + 1.555\,021\,2 = 3.333\,333$ ◇

なお，積分領域が一般の四辺形や六面体の場合でも，**変数変換**を行うことによって式 (5.21) あるいは式 (5.22) を適用することができる．このことを四辺形の場合について示そう．

積分領域が図 5.3 の四辺形 ABCD で与えられ，その四つの頂点の座標を $A(x_1, y_1)$, $B(x_2, y_2)$, $C(x_3, y_3)$, $D(x_4, y_4)$ とする．このとき

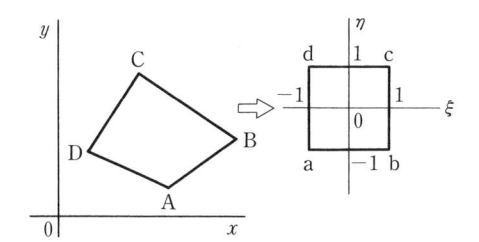

図 5.3 座標系の変換

$$x = N_1 x_1 + N_2 x_2 + N_3 x_3 + N_4 x_4, \quad y = N_1 y_1 + N_2 y_2 + N_3 y_3 + N_4 y_4$$
$$(5.24)$$

$$\left.\begin{array}{l} N_1 = \dfrac{1}{4}(1-\xi)(1-\eta), \quad N_2 = \dfrac{1}{4}(1+\xi)(1-\eta) \\[6pt] N_3 = \dfrac{1}{4}(1+\xi)(1+\eta), \quad N_4 = \dfrac{1}{4}(1-\xi)(1+\eta) \end{array}\right\} \quad (5.25)$$

によって変数を x, y から ξ, η に変換すると，(ξ, η) と (x, y) とは一対一に対応し，かつ $\xi\eta$ 座標系における正方形の四つの頂点 a, b, c, d がそれぞれもとの四辺形の四つの頂点 A, B, C, D に対応する．したがって

$$\int_{ABCD} f(x, y)\, dxdy = \int_{-1}^{1}\int_{-1}^{1} f(x(\xi, \eta), y(\xi, \eta))|J|\, d\xi d\eta \quad (5.26)$$

となる．

ここで，右辺の $x(\xi, \eta)$, $y(\xi, \eta)$ は x, y を式 (5.24)，(5.25) によって，ξ, η の式に変換したものであることを示している．また，$|J|$ は積分変数の変換に伴って導入される**ヤコビの行列式**，または**ヤコビアン**(Jacobian) と呼ばれる量で

$$|J| = \begin{vmatrix} \dfrac{\partial x}{\partial \xi} & \dfrac{\partial y}{\partial \xi} \\[8pt] \dfrac{\partial x}{\partial \eta} & \dfrac{\partial y}{\partial \eta} \end{vmatrix} = \begin{vmatrix} \sum_{i=1}^{4}\dfrac{\partial N_i}{\partial \xi}x_i & \sum_{i=1}^{4}\dfrac{\partial N_i}{\partial \xi}y_i \\[8pt] \sum_{i=1}^{4}\dfrac{\partial N_i}{\partial \eta}x_i & \sum_{i=1}^{4}\dfrac{\partial N_i}{\partial \eta}y_i \end{vmatrix} \quad (5.27)$$

で与えられ，ξ と η の関数である．例として，式 (5.27) の1行1列目をより具体的に示すと，式 (5.28) のようになる．

$$\sum_{i=1}^{4}\dfrac{\partial N_i}{\partial \xi}x_i = -\dfrac{1}{4}(1-\eta)x_1 + \dfrac{1}{4}(1-\eta)x_2 + \dfrac{1}{4}(1+\eta)x_3 - \dfrac{1}{4}(1+\eta)x_4$$
$$(5.28)$$

このように被積分関数 $f(x(\xi, \eta), y(\xi, \eta))|J|$ 全体が ξ, η の関数になり，また，積分区間は ξ, η 方向とも $[-1, 1]$ であるので，式 (5.21) を使って数値積分を行うことができる．ただし，$f(x, y)$ の形にもよるが，一般に計算量が多くなるので，プログラムを組んでコンピュータで処理するほうが効率的である．

5.4 多重積分の数値解法

例題 5.6 ① $\xi\eta$ 座標系の原点は xy 座標系のどの点に対応するか。

② $\xi\eta$ 座標系における辺 ab が xy 座標系の辺 AB に対応することを確認せよ。

【解答】 ① 式 (5.24) で $\xi = 0$, $\eta = 0$ とおくと, $N_1 = N_2 = N_3 = N_4 = 1/4$ となるので, これに対応する xy 平面上の点の座標は

$$x = \frac{1}{4}(x_1 + x_2 + x_3 + x_4), \quad y = \frac{1}{4}(y_1 + y_2 + y_3 + y_4)$$

となる。

② (i) 点 a では $\xi = \eta = -1$ であるので, 式 (5.24) は $N_1 = 1$, $N_2 = N_3 = N_4 = 0$ となり, このとき $x = x_1$, $y = y_1$ であって, これは点 A に対応する。同様に, 点 b が点 B に対応することを導くことができる。

(ii) つぎに, 辺 ab 上では $\eta = -1$ だから, このとき式 (5.24), (5.25) より

$$x = \frac{1}{2}(1-\xi)x_1 + \frac{1}{2}(1+\xi)x_2, \quad y = \frac{1}{2}(1-\xi)y_1 + \frac{1}{2}(1+\xi)y_2$$

となる。この式は ξ を媒介変数として, x と y が直線関係にあることを示している。以上 (i), (ii) より辺 ab は辺 AB に対応することになる。　◇

例題 5.7 図 5.3 の四辺形 ABCD において, 四つの頂点の座標を $A(3, 1)$, $B(5, 3)$, $C(2, 5)$, $D(1, 2)$ とする。このとき, この四辺形の面積 S をガウスの積分公式を使って求めよ。

【解答】 この四辺形の面積 S は $S = 8.5$ と簡単に求めることができるが, ここでは, これを式 (5.26) で $f(x, y) = 1$ の場合, すなわち

$$S = \int_{ABCD} dxdy = \int_{-1}^{1} \int_{-1}^{1} |J(\xi, \eta)| d\xi d\eta$$

であると考え, これをガウスの積分公式を使って数値的に求めることにする。

簡単のため, 積分点数 $n = 1$ とすると

$$S \fallingdotseq |J(a_1, a_1)| W_1 W_1 = |J(0, 0)| \times 2 \times 2$$

である。

$|J(0, 0)|$ を求めるには $|J|$ の残りの 3 要素を式 (5.28) と同様にして導き, 得られた式の $x_1 \sim x_4$, $y_1 \sim y_4$ に四辺形の頂点の座標値を代入するとともに, $\xi = \eta = 0$ とすればよい。その結果は

$$S \fallingdotseq \begin{vmatrix} \dfrac{3}{4} & \dfrac{5}{4} \\ -\dfrac{5}{4} & \dfrac{3}{4} \end{vmatrix} \times 2 \times 2 = \dfrac{17}{2}$$

であり，$|J|$ が ξ, η に関する低次の関数であるため，$n=1$ でも正しい結果が得られた。　　　　　　　　　　　　　　　　　　　　　　　　　　　◇

$f(x,y)$ が x, y の，したがって ξ, η の関数であるときは，積分点の数を増やす必要があるが，この場合は上記の計算を積分点ごとに繰り返して実行し，それらを加え合わせればよい，すなわち

$$\sum_{i=1}^{n}\sum_{j=1}^{n} f(x(a_i, a_j), y(a_i, a_j))|J(a_i, a_j)|W_i W_j \qquad (5.29)$$

を実行すればよい。考え方は例題 5.7 と同じである。

なお，後述する**モンテカルロ法**が多重積分の計算に威力を発揮する場合がある。この点については，**10** 章「シミュレーション」で述べる。

演 習 問 題

【1】 半径 a の円断面はり（**問図 5.1**）の中立軸（x 軸に一致）回りの断面二次モーメント I_{xx} は

$$I_{xx} = \int_{-a}^{a} y^2 dS = \int_{-a}^{a} y^2 \times 2b\, dy = 4\int_{0}^{a} y^2 \sqrt{a^2 - y^2}\, dy$$

で求められる。$a=20$ とし，台形公式で分割数 $n=16$ として，I_{xx} の値を求めよ。

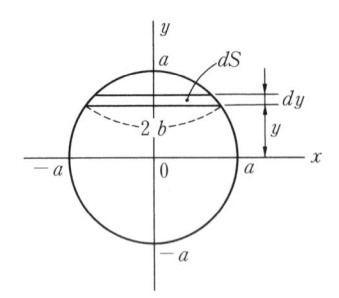

問図 5.1 円断面はり

【2】 問題【1】の解を分割数 $2n=16$ として，シンプソンの公式を使って求めよ。

【3】 問題【1】の解を積分点数 $n=6$ として,ガウスの数値積分法で求めよ。

【4】 台形公式とシンプソンの公式のプログラムを組み,問題【1】の I_{xx} が分割数増加に伴ってどのように変化するか調べよ。

【5】 円板に問図 5.2 のような圧縮荷重 P をかけて圧縮するとき,$y=0$ 断面上には次式で示される応力 σ_y が生じる。ただし,a は円板の半径であり,厚みは $1\,\mathrm{mm}$ とする。
$$\sigma_y = \frac{P}{\pi a}\left[1 - \frac{4}{\{1+(x/a)^2\}^2}\right]$$
$P = 2\,000\,\mathrm{[N]}$,$a = 50\,\mathrm{[mm]}$ とし,$y=0$ 断面上での σ_y の積分
$$P' = 2\times\int_0^a \sigma_y\,dx$$
を台形公式を使って計算し,$P' = P$ となることを確かめよ。分割数 $n=16$ とせよ。

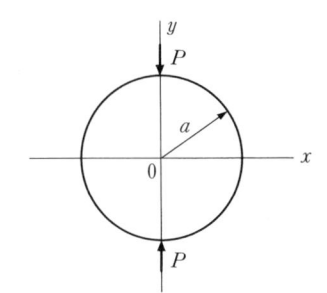

問図 5.2 円板の圧縮

【6】 問題【5】の解を分割数 $2n=16$ として,シンプソンの公式を使って求めよ。

【7】 問題【5】の解を積分点数 $n=5$ として,ガウスの積分公式を使って求めよ。

【8】 問図 5.3 に示す放物線 $2py = x^2\,(p>0)$ の OA 間の長さ l は
$$l = \int_0^a \sqrt{1+\left(\frac{dy}{dx}\right)^2}\,dx = \frac{1}{p}\int_0^a \sqrt{x^2+p^2}\,dx$$
で求められる。$p=2$,$a=3$ とし,台形公式で分割数を $n=16$ として,l の近似値を求めよ。

(参考) この定積分 (放物線の長さ) は厳密に求めることができて,解は
$$l = \frac{1}{p}\left[\frac{1}{2}\left\{x\sqrt{x^2+p^2}+p^2\log|x+\sqrt{x^2+p^2}|\right\}\right]_0^a$$

$$= \frac{1}{2p}\left\{a\sqrt{a^2+p^2}+p^2\log\frac{a+\sqrt{a^2+p^2}}{p}\right\}$$

である。$p=2$, $a=3$ とすると，$l=3\sqrt{13}/4+\log\{(3+\sqrt{13})/2\}=3.89893$ となる。

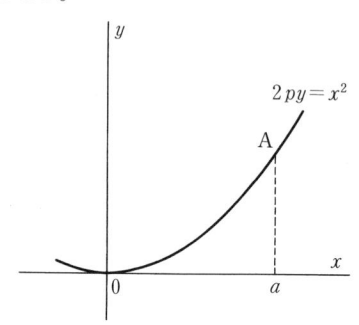

問図 **5.3** 放物線の長さ

【9】 問題【8】の解を分割数 $2n=16$ として，シンプソンの公式を使って求めよ。

【10】 問題【8】の問題の解を積分点数 $n=4$ として，ガウスの積分公式を使って求めよ。

【11】 $x=0$ の位置で固定され，残りの辺は自由である幅1，長さ2の板の上面に，x 方向には一様で y 方向に線形に変化する分布荷重が問図 **5.4** のように作用している。このとき，任意の (x,y) 位置における微小領域 $dxdy$ 部分に作用する荷重の大きさは $2ydxdy$ であり，これによって固定端に生じる曲げモーメントは $2ydxdy\times x$ だから，固定端に生じるトータルの曲げモーメントは，これらをすべて積分の形で加え合わせて

$$M=2\times\int_0^2\int_0^1 xydydx$$

となる。積分点の数を 2×2 として，M の値を多重積分公式を使って求めよ。

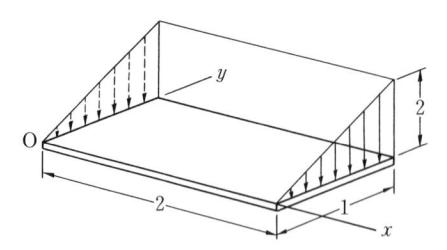

問図 **5.4** 分布荷重を受ける片持板

6

連立一次方程式

　工学問題を解く過程で，**連立一次方程式**（simultaneous linear equations）を解く必要に迫られることは多い。未知数が数個である場合には，手計算で解くこともそれほどたいへんではないけれども，多元の連立一次方程式を手計算で処理するのはきわめて非効率的であり，不可能な場合すらある。

　例えば，**有限要素法**をはじめとする数値解析手法では，数千元から数万元の連立方程式を解くのが普通である。

　このような多元連立一次方程式を効率よく解くために，これまで数多くの解法が提案されてきた。それらは**直接法**（direct method）と**反復法**（iterative method）に大別することができ，それぞれに解法としての特徴を有している。なお，直接法は**消去法**（elimination）とも呼ばれる。

　ここでは，直接法の代表である**ガウスの消去法**を中心に，直接法と反復法の代表的な解法をいくつか紹介する。

6.1 直　接　法

　n 元連立一次方程式の一般的な形として，ここでは式 (6.1) のような形を考える。

$$\begin{cases} a_{11}x_1 + a_{12}x_2 + \cdots + a_{1n}x_n = b_1 \\ a_{21}x_1 + a_{22}x_2 + \cdots + a_{2n}x_n = b_2 \\ \vdots \quad \vdots \quad \cdots \quad \vdots \quad \vdots \\ a_{n1}x_1 + a_{n2}x_2 + \cdots + a_{nn}x_n = b_n \end{cases} \quad (6.1)$$

マトリクス表示すると，この式 (6.1) は

$$\begin{bmatrix} a_{11} & a_{12} & \cdots & a_{1n} \\ a_{21} & a_{22} & \cdots & a_{2n} \\ \vdots & \vdots & \cdots & \vdots \\ a_{n1} & a_{n2} & \cdots & a_{nn} \end{bmatrix} \begin{Bmatrix} x_1 \\ x_2 \\ \vdots \\ x_n \end{Bmatrix} = \begin{Bmatrix} b_1 \\ b_2 \\ \vdots \\ b_n \end{Bmatrix} \qquad (6.2)$$

あるいは

$$[A]\{x\} = \{b\} \qquad (6.3)$$

と書ける.ここで,$[A]$ は**係数マトリクス**(coefficient matrix),$\{x\}$ は**未知数ベクトル**,$\{b\}$ は**定数ベクトル**と呼ばれる.

直接法というのは,「係数マトリクスと定数ベクトルに対する有限回の四則演算を繰り返すことによって,(理論的には)厳密な解が得られる解法」であるということができ,以下に述べるガウスの消去法がその代表的な手法である.

6.1.1 ガウスの消去法

ガウスの消去法(Gauss elimination method)では,まず

"係数行列の第 i 行 ($i = 1, 2, \cdots, n-1$) を a_{ji}/a_{ii} 倍して第 j 行から引く"

という操作を $j = i+1, \cdots, n$ に対して行うことにより,対角項から下の要素をすべて 0 にする.この過程を**前進消去段階**(forward elimination steps)という.

この操作を行うかわりに

"第 i 行全体を a_{ii} で割ってまず対角要素の値を 1 にしておき,その後その行を a_{ji} 倍したものを $j = i$ 以外のすべての j 行から引く"

のが**ガウス-ジョルダンの消去法**(Gauss-Jordan elimination method),あるいは**掃出し法**(sweeping out method)と呼ばれる解法である.

このステップが完了した段階での係数行列は,それぞれ**図 6.1** のようである.

$$\begin{bmatrix} a_{11}' & a_{12}' & a_{13}' & \cdots & a_{1n}' \\ 0 & a_{22}' & a_{23}' & \cdots & a_{2n}' \\ 0 & 0 & a_{33}' & \cdots & a_{3n}' \\ \vdots & \vdots & \vdots & \vdots & \vdots \\ 0 & 0 & \cdots & \cdots & a_{nn}' \end{bmatrix} \qquad \begin{bmatrix} 1 & 0 & 0 & \cdots & 0 \\ 0 & 1 & 0 & \cdots & 0 \\ 0 & 0 & 1 & \cdots & 0 \\ \vdots & \vdots & \vdots & \vdots & \vdots \\ 0 & 0 & \cdots & 0 & 1 \end{bmatrix}$$

(a) ガウスの消去法の場合　　(b) 掃出し法の場合

図 **6.1**　前進消去終了時の係数マトリクスの形

係数マトリクスの値に（ ′ ）が付いているのは，上記操作によってもとの値から変化していることを示している．掃出し法では，この段階で係数マトリクスが**単位マトリクス**に変化しており，したがって，右辺の定数ベクトルに格納されている値が未知数ベクトル $\{x\}$ そのものになる．

このように掃出し法はアルゴリズムがきわめて簡単であるが，n 元連立一次方程式の場合，ガウスの消去法の計算回数がほぼ $n^3/3$ 回であるのに対して，掃出し法はほぼ $n^3/2$ 回を要し，効率の点でガウスの消去法よりも劣る．

ガウスの消去法では，このあと**後退代入段階**（backward substitution steps）と呼ばれるステップによって，順次解を求めていく．

すなわち，第 n 行は $a_{nn}' x_n = b_n'$ という形になっているから

$$x_n = \frac{b_n'}{a_{nn}'} \tag{6.4}$$

によって，x_n をただちに求めることができる．

x_n が求められると，つぎは $(n-1)$ 行目を使って x_{n-1} が求められ，以下，順次行をさかのぼって x_{n-2}, x_{n-3}, $\cdots$, x_1 が求められることになる．

例題 6.1　つぎの三元連立一次方程式をガウスの消去法で解け．なお，この方程式の解は $x_1 = 1$, $x_2 = 2$, $x_3 = 3$ である．

$$\begin{bmatrix} 3 & 1 & 2 \\ 2 & 4 & 3 \\ 4 & 0 & 3 \end{bmatrix} \begin{Bmatrix} x_1 \\ x_2 \\ x_3 \end{Bmatrix} = \begin{Bmatrix} 11 \\ 19 \\ 13 \end{Bmatrix}$$

【解答】　① ステップ1　　a_{21} と a_{31} を 0 にするために，（第 2 式－第 1 式×2/3），

(第3式－第1式×4/3) を実行すると

$$[A]^{(1)} = \begin{bmatrix} 3 & 1 & 2 \\ 0 & 10/3 & 5/3 \\ 0 & -4/3 & 1/3 \end{bmatrix}, \quad \{b\}^{(1)} = \begin{Bmatrix} 11 \\ 35/3 \\ -5/3 \end{Bmatrix}$$

② ステップ2　a_{32} を0にするために，〔第3式－第2式×(−2/5)〕を実行すると

$$[A]^{(2)} = \begin{bmatrix} 3 & 1 & 2 \\ 0 & 10/3 & 5/3 \\ 0 & 0 & 1 \end{bmatrix}, \quad \{b\}^{(2)} = \begin{Bmatrix} 11 \\ 35/3 \\ 3 \end{Bmatrix} \quad \text{(前進消去過程終了)}$$

③ ステップ3　後退代入のステップであり

第3式よりただちに $x_3 = 3$

第2式より $x_2 = \dfrac{35/3 - 5/3 \times 3}{10/3} = 2$

第1式より $x_1 = \dfrac{11 - (2 + 2 \times 3)}{3} = 1$　◇

例題6.1の処理の流れを，一般的な連立方程式 (6.1) の場合についてアルゴリズムの形で示すと，以下のとおりである．

① 前進消去段階

$m = 1, 2, \cdots, n-1$ に対して

$$\left. \begin{array}{l} a_{ij} = a_{ij} - \dfrac{a_{mj} a_{im}}{a_{mm}} \\[2mm] b_i = b_i - \dfrac{b_m a_{im}}{a_{mm}} \end{array} \right\} \quad (\text{ただし}, \ i = m+1, \cdots, n \ ; \ j = m+1, \cdots, n)$$

$$(6.5)$$

② 後退代入段階

$$x_n = \dfrac{b_n}{a_{nn}}, \quad x_i = \dfrac{b_i - \sum_{j=i+1}^{n} a_{ij} x_j}{a_{ii}} \quad (\text{ただし}, \ i = n-1, \cdots, 2, 1)$$

$$(6.6)$$

ほとんどの連立一次方程式の場合，このアルゴリズムによって問題なく解を得ることができる．しかしながら，前進消去の過程で対角項 a_{mm} が0になっ

てしまったり，非常に小さい値が入ったりして，このアルゴリズムでは解が得られないか，得られても精度的に不十分である場合もある。

これを解決するには，行や列の入替え操作によって，絶対値のできるだけ大きな係数をその対角項にもってくればよい。対角項 a_{mm} はこのようにきわめて重要な役割を演じるので，特に**枢軸要素**，あるいは**ピボット** (pivot) と呼ばれている。

また，このような入替え操作を**ピボット選択** (pivoting) といい，つぎの二つの方法がある。

① 部分ピボット選択 (partial pivoting)　　$a_{im}(i = m, m+1, \cdots, n)$ のなかで，すなわち m 列の対角項以下の要素のなかで絶対値が最大であるものを探し，その行と m 行とを入れ替える。この場合は，式の順番が変わるだけであるので，未知数の順番は変化しない。

② 完全ピボット選択 (complete pivoting)　　$a_{ij}(i = m, \cdots, n\,;\, j = m, \cdots, n)$ のなかで絶対値最大となるような要素 a_{MN} を探し，その要素の属する M 行と m 行，N 列と m 列とをそれぞれ入れ替える方法である。この場合，列の入替えによって未知数の順番が変わるため，解が得られた後で未知数をもとの順番に戻す必要がある。

例題 6.2　つぎの三元連立一次方程式をガウスの消去法で解け。なお，この方程式の解は $x_1 = 1$, $x_2 = 2$, $x_3 = 3$ である。

$$\begin{bmatrix} 3 & 6 & 2 \\ 2 & 4 & 3 \\ 4 & 0 & 3 \end{bmatrix} \begin{Bmatrix} x_1 \\ x_2 \\ x_3 \end{Bmatrix} = \begin{Bmatrix} 21 \\ 19 \\ 13 \end{Bmatrix}$$

【**解答**】① ステップ1　　例題 6.1 と同様に a_{21} と a_{31} を 0 にするために，(第2式－第1式×2/3)，(第3式－第1式×4/3) を実行すると

$$[A]^{(1)} = \begin{bmatrix} 3 & 6 & 2 \\ 0 & 0 & 5/3 \\ 0 & -8 & 1/3 \end{bmatrix}, \quad \{b\}^{(1)} = \begin{Bmatrix} 21 \\ 5 \\ -15 \end{Bmatrix}$$

となり，対角項 $a_{22} = 0$ となって，式 (6.5) が適用できなくなる。

② ステップ2　そこで，第2行と第3行とを入れ替えると

$$[A]^{(1)} = \begin{bmatrix} 3 & 6 & 2 \\ 0 & -8 & 1/3 \\ 0 & 0 & 5/3 \end{bmatrix}, \quad \{b\}^{(1)} = \begin{Bmatrix} 21 \\ -15 \\ 5 \end{Bmatrix}$$

単純な例であるが，この操作が部分ピボット選択である。

③ ステップ3　この問題の場合，すでに $a_{32} = 0$ となっているので，以後は後退代入のステップになる。後退代入によって $x_1 = 1, x_2 = 2, x_3 = 3$ が得られるのは明らかであろう。　◇

式 (6.5) のアルゴリズムに従う基本的なガウスの消去法のプログラムと，部分ピボット選択のみを行うガウスの消去法の FORTRAN プログラム例を**付録**に示した。

6.1.2　コレスキー法

ガウスの消去法で前進消去のステップが終わった段階では，係数マトリクスは**右上三角行列**であり，対角項より下の要素はすべて 0 になっている。

コレスキー法 (Cholesky's method) は，係数マトリクス $[A]$ が**正定値** (positive definite) **対称**[†] の場合に，この前半の計算を効率よく行う方法の一種であり，右上三角行列の形にするのに必要な演算回数はガウスの消去法の約半分で済む。

コレスキー法のアルゴリズムはつぎのとおりである。処理を行った後の係数には (′) を付けて示してあり，また対角項より下の係数はすべて 0 である。

$$a_{11}' = \sqrt{a_{11}},$$

$$a_{1j}' = \frac{a_{1j}}{a_{11}'} \quad (j = 2, \cdots, n), \quad b_1' = \frac{b_1}{a_{11}'} \qquad (6.7)$$

さらに，$i = 2, \cdots, n$ に対して

[†] 任意のベクトル $\{x\}$ に対して，$\{x\}^T[A]\{x\} > 0$ が成り立つようなマトリクス $[A]$ を正定値マトリクスという。

$$
\left.
\begin{aligned}
a_{ii}' &= \sqrt{a_{ii} - \sum_{k=1}^{i-1} (a_{ki}')^2} \\
a_{ij}' &= \frac{a_{ij} - \sum_{k=1}^{i-1} a_{ki}' a_{kj}'}{a_{ii}'} \quad (j = i+1, \cdots, n) \\
b_i' &= \frac{b_i - \sum_{k=1}^{i-1} a_{ki}' b_k'}{a_{ii}'}
\end{aligned}
\right\}
\tag{6.8}
$$

このあとの後退代入のステップはガウスの消去法と同じである。

このようにコレスキー法では係数の平方根の計算が必要であるため，**平方根法**（square root method）と呼ばれることもある。なお，上記アルゴリズムで右上三角マトリクスが得られる理由については参考文献19）を参照されたい。

例題 6.3 任意の正方マトリクスを $[A]$ で表すとき，$[A]^T[A]$ は正定値対称マトリクスになることを証明せよ。ただし，$[A]^T$ は**転置マトリクス**（transposed matrix）を表す。

【**解答**】 転置マトリクスの性質
$$
([A][B])^T = [B]^T[A]^T, \quad ([A]^T)^T = [A] \tag{6.9}
$$
を使うと
$$
([A]^T[A])^T = [A]^T([A]^T)^T = [A]^T[A] \tag{6.10}
$$
転置した結果と，もとのマトリクスが等しいので $[A]^T[A]$ は対称マトリクスである。

つぎに任意のベクトルを $\{x\}$ として，$[A]\{x\} = \{b\}$ とおき，$\{b\}$ の成分を $b_1, b_2, \cdots, b_n$（いずれかは $\neq 0$）とすると
$$
\begin{aligned}
\{x\}^T ([A]^T[A])\{x\} &= (\{x\}^T[A]^T)([A]\{x\}) = ([A]\{x\})^T([A]\{x\}) \\
&= \{b\}^T\{b\} = b_1^2 + b_2^2 + \cdots + b_n^2 > 0
\end{aligned}
\tag{6.11}
$$
したがって，前ページの脚注の定義より，$[A]^T[A]$ は正定値マトリクスでもあることになる。 ◇

例題 6.4 例題 6.1 の係数マトリクスを正定値対称マトリクスに変換し，コレスキー法で解を求めよ。

【**解答**】 例題 6.1 の三元連立一次方程式の両辺に前から

$[A]^T = \begin{bmatrix} 3 & 2 & 4 \\ 1 & 4 & 0 \\ 2 & 3 & 3 \end{bmatrix}$

を掛けると

$\begin{bmatrix} 29 & 11 & 24 \\ 11 & 17 & 14 \\ 24 & 14 & 22 \end{bmatrix} \begin{Bmatrix} x_1 \\ x_2 \\ x_3 \end{Bmatrix} = \begin{Bmatrix} 123 \\ 87 \\ 118 \end{Bmatrix}$

となる。この係数マトリクスに式 (6.7), (6.8) を適用すると, 処理後の連立一次方程式はつぎのようになる。

$\begin{bmatrix} 5.385\,165 & 2.042\,649 & 4.456\,689 \\ 0 & 3.581\,562 & 1.367\,155 \\ 0 & 0 & 0.518\,476 \end{bmatrix} \begin{Bmatrix} x_1 \\ x_2 \\ x_3 \end{Bmatrix} = \begin{Bmatrix} 22.840\,527 \\ 11.264\,590 \\ 1.555\,428 \end{Bmatrix}$

後退代入によって x_3 から順に解を求めると, 若干の数値誤差を伴うが, ほとんど正解 ($x_3=3, x_2=2, x_1=1$) に近い値が得られる。　　◇

6.2 反　復　法

反復法は, 与えられた連立方程式 $[A]\{x\} = \{b\}$ の解を求めるのに, 適当な初期値 $\{x\}^{(0)}$ から出発して, なんらかの基準でその値を更新しながら, 徐々に真の値に収束させていく方法である。

直接法の場合, もともと 0 であった係数マトリクスの要素が, 解いている過程で非ゼロに変化する (fill in と呼ばれる) のが普通であるが, 反復法では繰返しによって更新されるのは $\{x\}$ であり, 係数マトリクス $[A]$ そのものは変化しないのでそのような心配はない。

したがって, $[A]$ のなかのゼロでない要素のみを記憶すればよく, **ゼロ要素**の多い多元連立方程式の場合, 記憶させるべきデータ量を大幅に減らすことができる。

また, 初期値の選び方によっては, きわめて少ない繰返し数で収束解が得られることがあるし, 任意の繰返し段階で途中解を取り出して, 解の収束状態を

調べることもできる。

このような長所がある一方で，後述するように収束解が得られる場合が限定される，という欠点がある。長所と短所をよく知ったうえで，適用することが必要であると思われる。

以下では，反復法に属する**ヤコビ法**，**ガウス-ザイデル法**，**SOR法**，**共役勾配法**の概要を示す。

6.2.1 ヤコビ法とガウス-ザイデル法，SOR法

初期値 $\{x\}^{(0)}$ を適当に与え，反復計算によって第 k ステップの近似解 $\{x\}^{(k)}$ まで得られているものとする。このとき，第 $(k+1)$ ステップの x の値 $\{x\}^{(k+1)}$ をつぎの式 (6.12) によって求める反復法を**ヤコビ法**（Jacobi's method）という。

$$\begin{cases} a_{11}x_1^{(k+1)} + a_{12}x_2^{(k)} + \cdots + a_{1n}x_n^{(k)} = b_1 \\ a_{21}x_1^{(k)} + a_{22}x_2^{(k+1)} + \cdots + a_{2n}x_n^{(k)} = b_2 \\ \quad\vdots \qquad\qquad \vdots \qquad\qquad \vdots \\ a_{n1}x_1^{(k)} + a_{n2}x_2^{(k)} + \cdots + a_{nn}x_n^{(k+1)} = b_n \end{cases} \quad (6.12)$$

すなわち，ヤコビ法では $\{x\}^{(k)}$ を既知量として $\{x\}^{(k+1)}$ の成分を式 (6.13) で求める。

$$x_i^{(k+1)} = \frac{b_i - \sum_{j=1}^{i-1} a_{ij}x_j^{(k)} - \sum_{j=i+1}^{n} a_{ij}x_j^{(k)}}{a_{ii}} \quad (6.13)$$

それに対して，**ガウス-ザイデル法**（Gauss-Seidel's iteration）では式 (6.14) によって $\{x\}^{(k+1)}$ を求める。

$$\begin{cases} a_{11}x_1^{(k+1)} + a_{12}x_2^{(k)} + a_{13}x_3^{(k)} + \cdots + a_{1n}x_n^{(k)} = b_1 \\ a_{21}x_1^{(k+1)} + a_{22}x_2^{(k+1)} + a_{23}x_3^{(k)} \cdots + a_{2n}x_n^{(k)} = b_2 \\ \qquad\qquad\qquad\vdots \qquad\qquad\qquad\qquad \vdots \\ a_{n1}x_1^{(k+1)} + a_{n2}x_2^{(k+1)} + \cdots + a_{nn-1}x_{n-1}^{(k+1)} + a_{nn}x_n^{(k+1)} = b_n \end{cases} \quad (6.14)$$

すなわち，既知量である第 k ステップの $x_2^{(k)} \sim x_n^{(k)}$ によって，1行目の計

算で $x_1^{(k+1)}$ が求められると，2行目以下の x_1 の値をすべて $x_1^{(k+1)}$ に置き換える．一般に，i 行目の計算で $x_i^{(k+1)}$ が求められると，$(i+1)$ 行目以下の x_i の値をただちに $x_i^{(k+1)}$ に置き換える．

これを式（6.13）に対応させた形で書くと

$$x_i^{(k+1)} = \frac{b_i - \sum_{j=1}^{i-1} a_{ij} x_j^{(k+1)} - \sum_{j=i+1}^{n} a_{ij} x_j^{(k)}}{a_{ii}} \quad (6.15)$$

となる．

x の値が更新されると，以後の計算ではその更新された値を用いることによって，収束性の改善を図ったものであり，多くの場合，ガウス-ザイデル法のほうがヤコビ法よりも収束性に優れているといわれる．

SOR 法（successive over-relaxation method）は**加速パラメータ** ω によってガウス-ザイデル法の収束を加速する方法である，と考えることができ，$\{x\}^{(k)}$ から $\{x\}^{(k+1)}$ を得る計算式は式（6.16）のとおりである．

$$x_i^{(k+1)} = x_i^{(k)} + \omega(\tilde{x}_i^{(k+1)} - x_i^{(k)}) \quad (6.16)$$

ここで，$\tilde{x}_i^{(k+1)}$ はガウス-ザイデル法で得られる第 $(k+1)$ ステップの x_i の値である．第 k ステップからの更新量を ω 倍したものが，$\{x\}^{(k+1)}$ の要素となっていることがわかる．

なお，これらの手法はどのような場合でも収束するわけではなく，収束するための**十分条件**（sufficient condition）として，以下の二つの条件をあげることができる．

① 係数マトリクスの各行とも，対角要素の絶対値 $|a_{ii}|$ が非対角要素の絶対値の和より大きいこと，すなわち

$$|a_{ii}| > \sum_{j=1, j \neq i}^{n} |a_{ij}| \quad (i = 1, 2, \cdots, n) \quad (6.17)$$

であること．

② 係数行列が正定値対称であること．

ただし，ヤコビ法が収束するための条件は ① のみであると考えたほうが安全であり，② の条件では収束しないことがある．また，「対角要素の絶対値が

各非対角要素の絶対値より大きければ適用できる」と記した文献も見受けられるが，この条件では収束しない場合がある。

ガウス-ザイデル法と SOR 法の場合，著者が実施したかぎりでは条件 ①，② のいずれでも収束した。しかしながら，② の条件では収束がきわめて遅い場合があった。

なお，SOR 法で解が収束するためには，上記以外に $0<\omega<2$ でなければならないことが知られている。$\omega=1$ のときはガウス-ザイデル法そのものであり，$0<\omega<1$ のときを**過小緩和**，$1<\omega<2$ のときを**過大緩和**と呼ぶ。

最も速い収束を得るための ω の値は，連立一次方程式の性質によって異なるため，事前にそれを知ることは困難であり，通常は経験的な値が用いられる。

例題 6.5 三元連立方程式

$$\begin{bmatrix} 40 & 11 & 24 \\ 11 & 30 & 14 \\ 24 & 14 & 45 \end{bmatrix} \begin{Bmatrix} x_1 \\ x_2 \\ x_3 \end{Bmatrix} = \begin{Bmatrix} 134 \\ 113 \\ 187 \end{Bmatrix}$$

をヤコビ法，ガウス-ザイデル法，および SOR 法を使って解け。ただし，初期値を $x_1=0$, $x_2=0$, $x_3=0$ とし，SOR 法では $\omega=1.2$ とせよ。正解は

$$x_1=1, \quad x_2=2, \quad x_3=3$$

である。

【**解答**】 この問題の係数マトリクスは式 (6.17) を満足しているので，いずれの解法でも収束解が得られる。収束に至る過程は**表 6.1** のとおりであり，ヤコビ法の収束が遅いことがわかる。 ◇

6.2.2 共役勾配法

共役勾配法 (conjugate gradient method) は，**共役傾斜法**，**CG 法**とも呼ばれ，係数マトリクス $[A]$ が正定値対称であれば，連立方程式

$$[A]\{x\} = \{b\}$$

表 6.1 各種反復法による収束の過程

繰返し回数	ヤコビ法			ガウス-ザイデル法		
	x_1	x_2	x_3	x_1	x_2	x_3
1	3.350 00	3.766 67	4.155 56	3.350 00	2.538 33	1.579 19
2	−0.179 17	0.599 07	1.197 04	1.704 45	2.404 75	2.498 37
3	2.467 03	3.273 74	4.064 73	1.189 67	2.164 55	2.847 65
4	0.010 88	0.965 21	1.821 31	1.046 16	2.054 17	2.958 53
5	1.991 78	2.912 73	3.849 46	1.009 99	2.015 69	2.989 79
6	0.239 32	1.239 93	2.187 09	1.001 81	2.004 10	2.997 76
7	1.696 77	2.658 27	3.642 16	1.000 22	2.000 97	2.999 58
8	0.433 68	1.444 84	2.423 59	0.999 98	2.000 20	2.999 95
9	1.498 51	2.476 64	3.474 75	0.999 98	2.000 03	3.000 00
10	0.584 07	1.595 66	2.585 84	0.999 99	2.000 00	3.000 00
11	1.359 69	2.345 78	3.347 62	1.000 00	2.000 00	3.000 00
…	……	……	……			
82	1.000 00	2.000 00	3.000 00			

繰返し回数	SOR法（$\omega = 1.2$）		
	x_1	x_2	x_3
1	4.020 00	2.751 20	1.386 75
2	1.309 64	2.616 94	2.894 16
3	0.810 69	2.019 18	3.135 17
4	0.934 21	1.949 42	3.033 96
5	1.005 40	1.988 72	2.993 96
6	1.006 99	2.002 56	2.995 78
7	1.000 80	2.001 50	2.999 77
8	0.999 51	2.000 04	3.000 34
9	0.999 84	1.999 87	3.000 08
10	1.000 01	1.999 97	2.999 98
11	1.000 02	2.000 01	2.999 99
12	1.000 00	2.000 00	3.000 00

を解くことと，$\{x\}$ の関数

$$\phi(\{x\}) = \frac{1}{2}\{x\}^T[A]\{x\} - \{x\}^T\{b\} \tag{6.18}$$

の最小解を求めることとが同値であることを利用し，式（6.18）の**最小化問題**として解を求める方法である。

　反復法に属しているが，最小解の探索方向をおたがいに直交する方向とすることにより，計算誤差さえなければ n 次元問題の場合，n 回の繰返しで正解

に到達することが保証されている.

共役勾配法における解の探索のアルゴリズムはつぎのとおりである.

なお,以下で $\{r\}$ は**残差ベクトル** (residual vector)($=\{b\}-[A]\{x\}$), $\{p\}$ は解の探索方向を示すベクトル, α は**探索幅**を意味し,添え字は探索のステップ数を示す.

① $\{x\}$ の初期値 $\{x\}^{(0)}$ を設定し,$\{r\}^{(0)}=\{b\}-[A]\{x\}^{(0)}$ を計算する.また,$\{p\}^{(0)}=\{r\}^{(0)}$ とする.

② 探索ステップ $k=0,1,2,\cdots$ に対して,つぎの計算を繰り返す.

$$\left.\begin{aligned}\alpha^{(k)}&=\frac{\{p\}^{(k)T}\{r\}^{(k)}}{\{p\}^{(k)T}[A]\{p\}^{(k)}}\\\{x\}^{(k+1)}&=\{x\}^{(k)}+\alpha^{(k)}\{p\}^{(k)}\\\{r\}^{(k+1)}&=\{b\}-[A]\{x\}^{(k+1)}\\\beta^{(k)}&=-\frac{\{r\}^{(k+1)T}[A]\{p\}^{(k)}}{\{p\}^{(k)T}[A]\{p\}^{(k)}}\\\{p\}^{(k+1)}&=\{r\}^{(k+1)}+\beta^{(k)}\{p\}^{(k)}\end{aligned}\right\} \quad (6.19)$$

上述のように,計算誤差がなければ n 回の反復で厳密解に到達するはずであるが,計算誤差のため,一般にそうはならない.しかしながら,次元数より少ない繰返し数で十分な精度の解が得られる場合も多い.そこで,ある許容誤差を定めておいて,収束判定を行うのがよい.

なお,$[A]$ が正定値対称でない場合,両辺に $[A]^T$ を掛けて係数マトリクスを正定値対称に変換してから(例題 6.3 参照),本法を適用すればよい.

例題 6.6 三元連立一次方程式

$$\begin{bmatrix}29 & 11 & 24\\11 & 17 & 14\\24 & 14 & 22\end{bmatrix}\begin{Bmatrix}x_1\\x_2\\x_3\end{Bmatrix}=\begin{Bmatrix}123\\87\\118\end{Bmatrix}$$

を共役勾配法で解け.ただし,初期値は $x_1=0$,$x_2=0$,$x_3=0$ とせよ.

【**解答**】 表 6.2 に示すように 3 回の繰返しで完全に収束する. ◇

表 6.2 共役勾配法による収束の過程

n	$\{x\}$			$\{r\}$		
0	0.	0.	0.	123.	87.	118.
1	2.151 889	1.522 065	2.064 510	$-5.693\,207$	8.552 428	$-0.371\,158$
2	1.643 743	2.360 066	2.061 497	$-0.105\,209\,9$	$-0.063\,253$	0.156 303
3	1.000 000	2.000 000	3.000 000	0.000 000	0.000 000	0.000 000

n	$\{p\}$			α	β
0	123.	87.	118.	$1.749\,500\times10^{-2}$	$2.886\,090\times10^{-3}$
1	$-5.338\,218$	8.803 517	$-0.030\,600$	$9.518\,933\times10^{-2}$	$3.737\,283\times10^{-4}$
2	$-0.107\,205$	$-0.059\,963$	0.156 292	6.004 790	$1.298\,15\ \times10^{-13}$

演 習 問 題

【1】 つぎの連立一次方程式を手計算で解け。

$$\begin{bmatrix} 1 & 1 & 1 \\ 2 & 3 & 4 \\ 3 & 2 & 5 \end{bmatrix} \begin{Bmatrix} x_1 \\ x_2 \\ x_3 \end{Bmatrix} = \begin{Bmatrix} 3 \\ 9 \\ 10 \end{Bmatrix}$$

【2】 問題【1】と同じ連立一次方程式を付録に示すガウスの消去法の基本プログラム LSEQ 0 を使って解け。

【3】 つぎの連立一次方程式はガウスの消去法の基本プログラム LSEQ 0 では解けない。これを確認した後、付録に示す部分ピボット選択機能のあるガウスの消去法プログラム LSEQPP を使って解け。

$$\begin{bmatrix} 1 & 1 & 1 & 1 \\ 2 & 2 & 4 & 5 \\ 3 & 2 & 5 & 1 \\ 1 & 3 & 2 & 1 \end{bmatrix} \begin{Bmatrix} x_1 \\ x_2 \\ x_3 \\ x_4 \end{Bmatrix} = \begin{Bmatrix} 4 \\ 13 \\ 11 \\ 7 \end{Bmatrix}$$

【4】 問題【1】と同じ問題の係数マトリクスを正定値対称マトリクスに変換すると、下式のようになる。この連立一次方程式をコレスキー法を使って手計算で解け。

$$\begin{bmatrix} 14 & 13 & 24 \\ 13 & 14 & 23 \\ 24 & 23 & 42 \end{bmatrix} \begin{Bmatrix} x_1 \\ x_2 \\ x_3 \end{Bmatrix} = \begin{Bmatrix} 51 \\ 50 \\ 89 \end{Bmatrix}$$

【5】 コレスキー法のプログラムを作成し，問題【4】と同じ問題を解け．

【6】 問題【4】と同じ問題をヤコビ法とガウス-ザイデル法のプログラムを組んで解け．ただし，初期値を $\{x\}^{(0)} = [0,\ 0,\ 0]^T$ とし，正解（$x_1 = 1$, $x_2 = 1$, $x_3 = 1$）との差 ≤ 0.0001 となったときに収束したとみなせ．

【7】 問題【4】と同じ問題をSOR法のプログラムを組んだうえで ω を1.0から1.9まで0.1刻みに変化させて解き，収束するまでの繰返し回数がどのように変わるか調べよ．なお，初期値と収束条件は問題【6】と同じとせよ．

【8】 問題【4】の問題を共役勾配法を使って手計算で解け．

【9】 共役勾配法のプログラムを組んで問題【8】を解け．

7

常微分方程式（1）

　常微分方程式（ordinary differential equation）の**初期値問題**（initial-value problem）に対する計算法は何種類かあり，その考え方や取扱い方法が種々の工学問題の基礎的な数値計算に応用することができるので，初期値問題を解くという目的のほかに，このような意味でも十分習得しておくことが望まれる。

　本章では，最初に1階の単独および連立の常微分方程式の初期値問題について，**積分方程式**（integral equation）による**反復解法**（iteration method），およびテイラー展開による解法について解説する。つぎに多項式近似による二，三の解法を紹介し，最後に**高階常微分方程式**（higher order differential equation）の初期値問題の扱い方を解説する。

7.1　積分方程式の反復解法

　1階常微分方程式の初期値問題は，一般形として式（7.1）のように表される。

$$\frac{dy}{dx} = f(x, y), \quad y(x_0) = y_0 \tag{7.1}$$

式（7.1）の第1式を x で積分すると

$$y = \int f(x, y)\,dx + c, \quad c = \text{const.} \tag{7.2}$$

　式（7.2）で，式（7.1）の第2式を満足するように c および積分の上限と下限を決めると式（7.3）が得られる。

$$y = y_0 + \int_{x_0}^{x} f(x, y)\,dx \tag{7.3}$$

また逆に，式 (7.3) は式 (7.1) の第2式を満たし，微分すると式 (7.1) の第1式が得られることから，式 (7.1) を解く初期値問題と式 (7.3) の積分方程式を解く問題とは等価であることがわかる。

このように変換して得られる積分方程式を解く方法としては，反復法が有効である。解法の手順としては，第1回の計算では被積分関数 $f(x, y)$ に含まれる y に初期値 y_0 を代入する。初期値を第1近似解，第1回の計算結果を第2近似解と呼ぶことにする。以下これを繰り返すことになるので一般化すると，第 n 近似解から第 $(n+1)$ 近似解 y_{n+1} を求める関係式として式 (7.4) を得る。

$$y_{n+1} = y_0 + \int_{x_0}^{x} f(x, y_n)\, dx \tag{7.4}$$

例題 7.1 つぎの初期値問題を積分方程式に変換し，反復法により y_3 まで求めよ。

$$\frac{dy}{dx} = xy + 1, \quad y(0) = 1$$

【解答】 与えられた初期値問題と等価な積分方程式はつぎのようになる。

$$y = 1 + \int_0^x (xy + 1)\, dx$$

したがって，反復計算式は

$$y_{n+1} = 1 + \int_0^x (xy_n + 1)\, dx$$

となり，y_1 は初期値より1であるので y_2 を求めると

$$y_2 = 1 + \int_0^x (x \times 1 + 1)\, dx = 1 + x + \frac{x^2}{2}$$

同様に y_3 は

$$y_3 = 1 + \int_0^x \left\{ x\left(1 + x + \frac{x^2}{2}\right) + 1 \right\} dx = 1 + x + \frac{x^2}{2} + \frac{x^3}{3} + \frac{x^4}{8} \quad \diamondsuit$$

つぎに t の関数として x, y を求める式 (7.5)，(7.6) のような連立常微分方程式の初期値問題を取り扱う。

84   7. 常微分方程式（1）

$$\frac{dx}{dt} = f(x, y; t), \quad x(t_0) = x_0 \tag{7.5}$$

$$\frac{dy}{dt} = g(x, y; t), \quad y(t_0) = y_0 \tag{7.6}$$

反復計算式はおのおの式 (7.7), (7.8) のようになる。

$$x_{n+1} = x_0 + \int_{t_0}^{t} f(x_n, y_n; t)\, dt \tag{7.7}$$

$$y_{n+1} = y_0 + \int_{t_0}^{t} g(x_n, y_n; t)\, dt \tag{7.8}$$

例題 7.2 つぎの連立常微分方程式の初期値問題を，連立積分方程式に変換して反復法によって解き，x_3, y_3 まで求めよ。

$$\frac{dx}{dt} = x - 2y + t, \quad x(0) = 1$$

$$\frac{dy}{dt} = 2x + t, \quad y(0) = -1$$

【解答】 積分方程式に変換するとつぎのようになる。

$$x = 1 + \int_0^t (x - 2y + t)\, dt$$

$$y = -1 + \int_0^t (2x + t)\, dt$$

これらの式で，被積分関数の x および y に初期値を代入して x_2, y_2 を求めると

$$x_2 = 1 + \int_0^t \{1 - 2 \times (-1) + t\}\, dt = 1 + 3t + \frac{t^2}{2}$$

$$y_2 = -1 + \int_0^t (2 \times 1 + t)\, dt = -1 + 2t + \frac{t^2}{2}$$

第3近似解は

$$x_3 = 1 + \int_0^t \left\{\left(1 + 3t + \frac{t^2}{2}\right) - 2\left(-1 + 2t + \frac{t^2}{2}\right) + t\right\} dt = 1 + 3t - \frac{t^3}{6}$$

$$y_3 = -1 + \int_0^t \left\{2\left(1 + 3t + \frac{t^2}{2}\right) + t\right\} dt = -1 + 2t + \frac{7t^2}{2} + \frac{t^3}{3} \qquad \diamondsuit$$

7.2 テイラー展開による方法

x_0 の近傍の $x_0 + h$ における関数 $y(x)$ はテイラー展開によって式 (7.9) のように表される。

$$y(x_0 + h) = y(x_0) + \frac{1}{1!} h y'(x_0) + \frac{1}{2!} h^2 y''(x_0) + \cdots \quad (7.9)$$

式 (7.9) を用いれば，初期値問題

$$\frac{dy}{dx} = f(x, y), \quad y(x_0) = y_0 \quad (7.10)$$

の $x = x_0 + h$ におけるテイラー級数解 y を以下の要領で求めることができる。すなわち

$$\left. \begin{array}{l} y(x_0) = y_0, \quad y'(x_0) = \left(\dfrac{dy}{dx}\right)_{x_0} = \{f(x, y)\}_{x_0} \\[2mm] y''(x_0) = \left(\dfrac{d^2 y}{dx^2}\right)_{x_0} = \left\{\dfrac{d}{dx} f(x, y)\right\}_{x_0} \\[2mm] y'''(x_0) = \left(\dfrac{d^3 y}{dx^3}\right)_{x_0} = \left\{\dfrac{d^2}{dx^2} f(x, y)\right\}_{x_0} \\[2mm] \vdots \quad\quad \vdots \quad\quad \vdots \end{array} \right\} \quad (7.11)$$

したがって，上の式 (7.11) を式 (7.9) に代入すると

$$y(x_0 + h) = y_0 + \frac{1}{1!} h \{f(x, y)\}_{x_0} + \frac{1}{2!} h^2 \left\{\frac{d}{dx} f(x, y)\right\}_{x_0}$$

$$+ \frac{1}{3!} h^3 \left\{\frac{d^2}{dx^2} f(x, y)\right\}_{x_0} + \cdots \quad (7.12)$$

例題 7.3 つぎの初期値問題において，$x = 0$ の近傍の h におけるテイラー級数解を h^3 の項まで求めよ。

$$\frac{dy}{dx} = xy + 1, \quad y(0) = 1$$

【解答】 $y(0) = 1, \quad y'(0) = (xy + 1)_{x=0} = (0 \times 1 + 1) = 1$

$$y''(0) = \left\{\frac{d}{dx}(xy+1)\right\}_{x=0} = \left(y + x\frac{dy}{dx}\right)_{x=0} = 1 + 0 \times 1 = 1$$

$$y'''(0) = \left\{\frac{d}{dx}\left(y + x\frac{dy}{dx}\right)\right\}_{x=0} = \left(2\frac{dy}{dx} + x\frac{d^2y}{dx^2}\right)_{x=0} = 2 \times 1 + 0 \times 1 = 2$$

$$y^{(4)}(0) = \left\{\frac{d}{dx}\left(2\frac{dy}{dx} + x\frac{d^2y}{dx^2}\right)\right\}_{x=0} = \left(3\frac{d^2y}{dx^2} + x\frac{d^3y}{dx^3}\right)_{x=0}$$
$$= 3 \times 1 + 0 \times 2 = 3$$

以上の式をテイラー展開式

$$y(h) = y(0) + hy'(0) + \frac{1}{2!}h^2y''(0) + \frac{1}{3!}h^3y'''(0) + \cdots$$

に代入すると

$$y = 1 + h + \frac{1}{2}h^2 + \frac{1}{3}h^3 + \frac{1}{8}h^4 + \cdots \qquad \diamond$$

つぎに，式 (7.13)，(7.14) のような連立方程式を取り扱う．

$$\frac{dx}{dy} = f(x, y; t), \quad x(t_0) = x_0 \tag{7.13}$$

$$\frac{dy}{dt} = g(x, y; t), \quad y(t_0) = y_0 \tag{7.14}$$

これらに応用されるテイラー展開式は

$$x(t_0 + h) = x(t_0) + \frac{1}{1!}hx'(t_0) + \frac{1}{2!}h^2x''(t_0) + \frac{1}{3!}h^3x'''(t_0) + \cdots \tag{7.15}$$

$$y(t_0 + h) = y(t_0) + \frac{1}{1!}hy'(t_0) + \frac{1}{2!}h^2y''(t_0) + \frac{1}{3!}h^3y'''(t_0) + \cdots \tag{7.16}$$

のようになる．

例題 7.4 つぎの連立常微分方程式の初期値問題の解 $x(h)$，$y(h)$ を h^3 の項まで求めよ．

$$\frac{dx}{dt} = x - 2y + t, \quad x(0) = 1, \quad \frac{dy}{dt} = 2x + t, \quad y(0) = -1$$

【解答】 $t = 0$ の近傍 $t = h$ における x および y のテイラー展開式は

$$x(h) = x(0) + \frac{1}{1!}hx'(0) + \frac{1}{2!}h^2 x''(0) + \frac{1}{3!}h^3 x'''(0) + \cdots$$

$$y(h) = y(0) + \frac{1}{1!}hy'(0) + \frac{1}{2!}h^2 y''(0) + \frac{1}{3!}h^3 y'''(0) + \cdots$$

つぎに各係数を求めると

$$x(0) = 1, \quad y(0) = -1$$

$$x'(0) = (x - 2y + t)_{t=0} = x(0) - 2y(0) + 0 = 3$$

$$y'(0) = (2x + t)_{t=0} = 2x(0) + 0 = 2$$

$$x''(0) = \left\{\frac{d}{dt}(x - 2y + t)\right\}_{t=0} = x'(0) - 2y'(0) + 1 = 0$$

$$y''(0) = \left\{\frac{d}{dt}(2x + t)\right\}_{t=0} = 2x'(0) + 1 = 7$$

$$x'''(0) = \left\{\frac{d}{dt}(x' - 2y' + 1)\right\}_{t=0} = x''(0) - 2y''(0) = -14$$

$$y'''(0) = \left\{\frac{d}{dt}(2x' + 1)\right\}_{t=0} = 2x''(0) = 0$$

以上の微分の値をテイラー展開式に代入すると次式が得られる。

$$x = 1 + 3h - \frac{7}{3}h^3 + \cdots$$

$$y = -1 + 2h + \frac{7}{2}h^2 + \cdots \qquad \diamondsuit$$

7.3 多項式近似

常微分方程式の初期値問題

$$\frac{dy}{dx} = xy + 1, \quad y(0) = 1 \qquad (7.17)$$

を例に，多項式の係数を決めることによって解を求める方法を説明する。簡単のため二次関数で近似することを考える。そのためには解を初期条件を満たすように

$$y = 1 + a_1 x + a_2 x^2 \qquad (7.18)$$

のようにおいて，a_1, a_2 を決めればよい。すなわち式（7.18）を式（7.17）に代入して計算をし，すべての項を左辺に移項し，右辺の 0 は誤差を含むものとして ε とおく。すなわち

$$a_1(1-x^2) + a_2(2x-x^3) - (x+1) = \varepsilon \tag{7.19}$$

例として x が $0 \leq x \leq 0.75$ の範囲で近似がよくなるようにするには，例えば $x = 0.25, 0.5$ の2点を選び，この数値を式（7.19）の x に代入し右辺の ε を0とおくと，式（7.20），（7.21）のような連立方程式が得られる．

$$x = 0.25; \quad 0.938a_1 + 0.484a_2 = 1.250 \tag{7.20}$$

$$x = 0.5; \quad 0.750a_1 + 0.875a_2 = 1.500 \tag{7.21}$$

これを解いて $a_1 = 0.803$, $a_2 = 1.026$ であるから，求める解は式（7.22）のようになる．

$$y = 1 + 0.803x + 1.026x^2 \tag{7.22}$$

このように ε が0になるような x を与えるかわりに，x の小区間における ε の積分が0になるように a_1, a_2 を決める方法が考えられる．例えば

$$\int_0^{0.5} \varepsilon\, dx = 0, \quad \int_{0.25}^{0.75} \varepsilon\, dx = 0 \tag{7.23}$$

のように積分範囲をとればつぎの連立方程式（7.24），（7.25）が得られる．

$$0.458\, a_1 + 0.234\, a_2 = 0.625 \tag{7.24}$$

$$0.365\, a_1 + 0.422\, a_2 = 0.750 \tag{7.25}$$

これを解いて $a_1 = 0.818$, $a_2 = 1.070$．したがって

$$y = 1 + 0.818\, x + 1.070\, x^2 \tag{7.26}$$

最小二乗法の意味で最良の近似を与えるようにするには，ε の2乗の積分

$$I = \int_X \varepsilon^2\, dx \tag{7.27}$$

が最小値をとるように

$$\frac{\partial I}{\partial a_i} = \frac{\partial}{\partial a_i}\int_X \varepsilon^2\, dx = 2\int_X \varepsilon \frac{\partial \varepsilon}{\partial a_i}\, dx = 0 \tag{7.28}$$

から a_i を決定すればよい．前述のように ε は

$$\varepsilon = a_1(1-x^2) + a_2(2x-x^3) - (x+1) \tag{7.29}$$

であるから

$$\frac{\partial \varepsilon}{\partial a_1} = 1 - x^2, \quad \frac{\partial \varepsilon}{\partial a_2} = 2x - x^3 \tag{7.30}$$

この場合，式 (7.28) は式 (7.31) のようになる．

$$\int_X \varepsilon \frac{\partial \varepsilon}{\partial a_1} dx = 0, \quad \int_X \varepsilon \frac{\partial \varepsilon}{\partial a_2} dx = 0 \tag{7.31}$$

式 (7.29)，(7.30) を式 (7.31) に代入し積分を行うと連立方程式 (7.32) が得られる．

$$\begin{cases} 0.516\, a_1 + 0.355\, a_2 = 0.812 \\ 0.355\, a_1 + 0.392\, a_2 = 0.717 \end{cases} \tag{7.32}$$

これらを解くと $a_1 = 0.836$，$a_2 = 1.072$．したがって，求める解は式 (7.33) のようになる．

$$y = 1 + 0.836x + 1.072x^2 \tag{7.33}$$

7.4 高階常微分方程式

高階常微分方程式 (higher-order ordinary differential equation) を解くには，8章で述べるような直接的な解法もあるが，新しい変数を導入することによって階数を下げ，連立1階常微分方程式に変換して解くことができる．

n 階常微分方程式は，$(n-1)$ 個の変数を定義することによって n 元連立1階常微分方程式に変換される．以下，この方法を説明する．

2階常微分方程式

$$\frac{d^2 y}{dx^2} + \frac{dy}{dx} + y^3 + c = 0 \tag{7.34}$$

において新しい変数 z を式 (7.35) のようにおく．

$$\frac{dy}{dx} = z \tag{7.35}$$

両辺を x で微分すると

$$\frac{dz}{dx} = \frac{d^2 y}{dx^2} \tag{7.36}$$

したがって，式 (7.34) に式 (7.35)，(7.36) を代入し移項すると

$$\frac{dz}{dx} = -z - y^3 - c \tag{7.37}$$

以上から，2階常微分方程式（7.34）は，x を独立変数として，y，z を求める連立1階常微分方程式（7.35），（7.37）に変換された。したがって，**7.1**節，**7.2**節の方法で解くことができる。

つぎに4階常微分方程式を取り上げる。

$$\frac{d^4y}{dx^4} + p\frac{d^2y}{dx^2} + qy = 0 \tag{7.38}$$

ここで，初期条件は

$$y(0) = y_0, \quad y'(0) = y_0', \quad y''(0) = y_0'', \quad y'''(0) = y_0''' \tag{7.39}$$

とする。以下のように三つの新しい変数 X，Y，Z を導入する。

$$\frac{dy}{dx} = X \tag{7.40}$$

$$\frac{d^2y}{dx^2} = \frac{dX}{dx} = Y \tag{7.41}$$

$$\frac{d^3y}{dx^3} = \frac{dY}{dx} = Z \tag{7.42}$$

これによって初期条件は

$$\left.\begin{array}{l} y(0) = y_0 \\ X(0) = y_0' \\ Y(0) = y_0'' \\ Z(0) = y_0''' \end{array}\right\} \tag{7.43}$$

例題 7.5 つぎの連立常微分方程式の初期値問題を，連立1階常微分方程式の初期値問題に変換せよ。

$$\frac{dx}{dt} = x - 2y + t \tag{7.44}$$

$$\frac{d^2y}{dt^2} = x^2 + y - t \tag{7.45}$$

$$x(0) = 0, \quad y(0) = -1, \quad y'(0) = 0 \tag{7.46}$$

【解答】 $\dfrac{dy}{dt} = Y$

とおくと
$$\dfrac{d^2 y}{dt^2} = \dfrac{dY}{dt}$$
であるから，式 (7.45) は
$$\dfrac{dY}{dt} = x^2 + y - t$$
また，式 (7.46) の第3式は
$$Y(0) = 0$$
となり，求める初期値問題はつぎのようになる。

$$\begin{cases} \dfrac{dx}{dt} = x - 2y + t \\ \dfrac{dy}{dt} = Y \\ \dfrac{dY}{dt} = x^2 + y - t \\ x(0) = 0, \quad y(0) = -1, \quad Y(0) = 0 \end{cases}$$
◇

演 習 問 題

【1】 つぎの初期値問題を積分方程式に変換し，反復法によって解き，y_3 まで求めよ。
$$\dfrac{dy}{dx} = 1 - xy, \quad y(0) = 1$$

【2】 つぎの連立微分方程式の初期値問題を，連立の積分方程式に変換して反復法によって解き，x_3, y_3 まで求めよ。
$$\dfrac{dx}{dt} = 3x + y + t, \quad x(0) = 1$$
$$\dfrac{dy}{dt} = x - 2t, \quad y(0) = -1$$

【3】 初期値問題
$$\dfrac{dy}{dx} = 1 - xy, \quad y(0) = 1$$
において，$x = 0$ の近傍の x におけるテイラー級数解を x^4 の項まで求めよ。

【4】つぎの連立常微分方程式の初期値問題のテイラー級数解 $x(h)$, $y(h)$ を h^3 の項まで求めよ。

$$\frac{dx}{dt} = 3x + y + t, \quad x(0) = 1$$

$$\frac{dy}{dt} = x - 2t, \quad y(0) = -1$$

【5】常微分方程式の初期値問題

$$\frac{dy}{dx} = 1 - xy, \quad y(0) = 1$$

の解を初期条件を満たす二次関数

$$y = 1 + a_1 x + a_2 x^2$$

を仮定して，$x = 0.25, 0.5$ の2点を満足する連立方程式を導け。

【6】つぎの4階常微分方程式の初期値問題を，1階連立常微分方程式に変換せよ。

$$\frac{d^4 y}{dx^4} - a^4 \frac{d^2 y}{dx^2} + by = 0$$

$$y(0) = y_0, \quad y'(0) = y_0', \quad y''(0) = y_0'', \quad y'''(0) = y_0'''$$

8

常微分方程式（2）

 本章では，常微分方程式の数値解法として最も多く用いられる**ルンゲ-クッタ法**（Runge-Kutta method）について解説する。総花的な説明は控え，基礎的な事項について詳述したが，いろいろな公式を後出の表（**表 8.3**, **表 8.4**）に示してある。はじめに前段階として**前進積分法**（forward integration methed）について述べる。

8.1 前 進 積 分 法

1階の常微分方程式

$$\frac{dy}{dx} = f(x,\ y) \qquad (8.1)$$

において，初期条件が

$$y_i = y(x_i) \qquad (8.2)$$

で与えられている初期値問題は，**7.1**節で述べたように積分方程式

$$y = y_i + \int_{x_i}^{x} f(x,\ y)\ dx \qquad (8.3)$$

を解く問題と等価である。ここで，$x = x_{i+1}$ で $y = y_{i+1}$ とすると式 (8.3) は

$$y_{i+1} = y_i + \int_{x_i}^{x_{i+1}} f(x,\ y)\ dx \qquad (8.4)$$

のようになる。

 式 (8.4) で積分区間 $x_{i+1} - x_i (= h$ とおく）を小さくとると，被積分関数 $f(x,\ y)$ は近似的に $f(x_i,\ y_i)$ に等しく，式 (8.4) は式 (8.5) のように変形される。

8. 常微分方程式（2）

$$y_{i+1} = y_i + f(x_i, y_i) \int_{x_i}^{x_{i+1}} dx = y_i + f(x_i, y_i)(x_{i+1} - x_i)$$
$$= y_i + f(x_i, y_i)h \tag{8.5}$$

ここで，一般性をもたせるために，x_i, y_i を x, $y(x)$，また x_{i+1}, y_{i+1} を $x+h$, $y(x+h)$ のようにおくと，式 (8.6) が得られる。

$$y(x+h) = y(x) + hf(x, y) \tag{8.6}$$

すなわち，x における初期値 $y(x)$ が与えられている1階常微分方程式

$$\frac{dy}{dx} = f(x, y) \tag{8.7}$$

の $x+h$ における解 $y(x+h)$ は，式 (8.8) で与えられる。

$$y(x+h) = y(x) + hf(x, y) \tag{8.8}$$

この方法は**オイラー法**（Euler method）と呼ばれている。

さて，x における勾配を用いるこの方法は図 *8.1* からからわかるように誤差は大きい。これを解決するためにつぎの方法が考えられる。すなわち，x における勾配 $f(x, y)$ と $x+h$ における勾配

$$f\{x+h, y(x+h)\} \fallingdotseq f\{x+h, y+hf(x, y)\} \tag{8.9}$$

の平均値を用いる方法である（図 *8.2*）。すなわち

$$y(x+h) = y(x) + \frac{1}{2}h\{f(x, y) + f(x+h, y+k_1)\} \tag{8.10}$$

である。ここで

$$k_1 = hf(x, y) \tag{8.11}$$

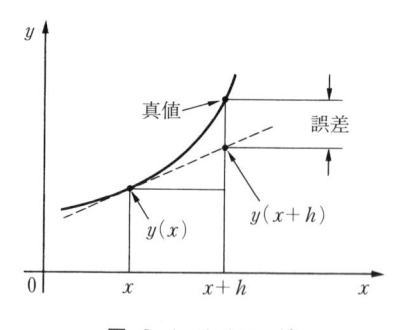

図 *8.1* オイラー法

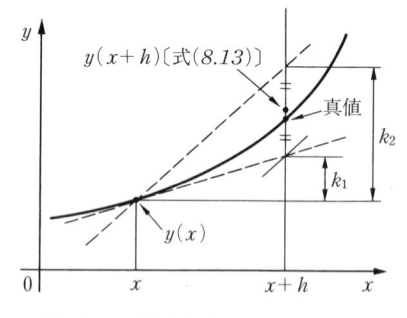

図 *8.2* 修正オイラー-コーシー法

とおいてある。また

$$k_2 = hf(x + h, \ y + k_1) \tag{8.12}$$

のようにおくと，式 (8.10) は

$$y(x + h) = y(x) + \frac{1}{2}(k_1 + k_2) \tag{8.13}$$

となる。これは**修正オイラー-コーシー法** (modified Euler-Cauchy method) と呼ばれる。

例題 8.1 式 (8.13) を用いて，初期値問題

$$\frac{dy}{dx} = xy + 1, \quad y(0) = 1$$

の解 $y(0.5)$ を求めよ。ただし，$h = 0.5$ とする

【解答】 $f(x, y) = xy + 1$ であるから，$k_1 = 0.5 \times (0 \times 1 + 1) = 0.5$, $k_2 = 0.5 \times \{0.5 \times (1 + 0.5) + 1\} = 0.875$。したがって

$$y(0.5) = 1 + \frac{1}{2}(0.5 + 0.875) = 1.687\,5 \qquad \diamondsuit$$

図 8.1 と図 8.2 を比較すると修正オイラー-コーシー法はオイラー法に比べ著しく精度がよい。しかしながら，図 8.3 のように区間 $[x, \ x + h]$ の間

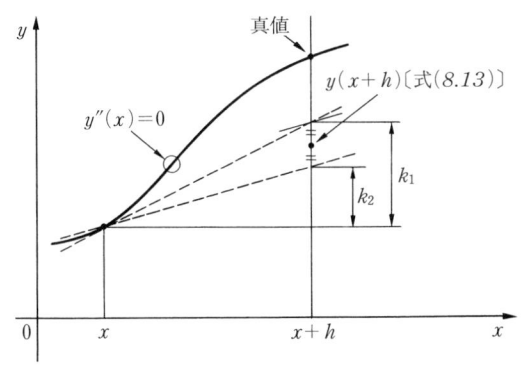

図 8.3 修正オイラー-コーシー法（$y''(x) = 0$ なる x を有する場合）

で変曲点がある場合は逆にオイラー法のほうが精度がよい。

このようなことから，$[x, x+h]$ の端だけではなく区間内の複数の点での勾配を導入する必要があると考えられる。以下，最も標準的な四点の勾配を用いる方法について述べる。

a, b, c, d を $a+b+c+d=1 (a \leqq 1.0, b \leqq 1.0, c \leqq 1.0, d \leqq 1.0)$ なる重み，k_1, k_2, k_3, k_4 を区間 $[x, x+h]$ 内の四点の勾配の h 倍とすると

$$\Delta y = ak_1 + bk_2 + ck_3 + dk_4 \tag{8.14}$$

と表すことができる。ここで Δy は式（8.15）で定義される。

$$\Delta y = y(x+h) - y(x) \tag{8.15}$$

k_1 から k_4 を求めるための勾配の近似にはいくつかの方法があるが，例えば

$$\begin{cases} k_1 = h[f(x, y)] \\ k_2 = h[f(x+mh, y+mk_1)] \\ k_3 = h[f(x+nh, y+nk_1)] \\ k_4 = h[f(x+ph, y+pk_1)] \end{cases} \tag{8.16}$$

あるいは

$$\begin{cases} k_1 = h[f(x, y)] \\ k_2 = h[f(x+mh, y+mk_1)] \\ k_3 = h[f(x+nh, y+nk_2)] \\ k_4 = h[f(x+ph, y+pk_3)] \end{cases} \tag{8.17}$$

などがある。

8.2 ルンゲ-クッタ法

$$\frac{dy}{dx} = f(x, y) \tag{8.18}$$

より $dy/dx = y'$, $d^2y/dx^2 = y''$, …などと書き，添え字を偏微分を表すものとすると

8.2 ルンゲ-クッタ法

$$\begin{cases} y' = f \\ y'' = f_x + f_y f \\ y''' = f_{xx} + 2f_{xy}f + f_{yy}f^2 + f_y(f_x + f_y f) \\ y'''' = f_{xxx} + 3f_{xxy}f + 3f_{xyy}f^2 + f_{yyy}f^3 \\ \qquad + f_y(f_{xx} + 2f_{xy}f + f_{yy}f^2) + 3(f_x + f_y f)(f_{xy} + f_{yy}f) \\ \qquad + f_y{}^2(f_x + f_y f) \end{cases}$$

$$(8.19)$$

Δy はテイラー展開によって

$$\Delta y = y(x+h) - y(x) = hy'(x) + \frac{h^2}{2!}y''(x) + \frac{h^3}{3!}y'''(x) + \cdots$$

$$(8.20)$$

勾配の近似の方法として式 (8.17) を採用することにし，2 独立変数のテイラー展開

$$f(x+\alpha, y+\beta) = f + \alpha f_x + \beta f_y + \frac{1}{2!}(\alpha^2 f_{xx} + 2\alpha\beta f_{xy} + \beta^2 f_{yy}) + \cdots$$

$$(8.21)$$

を適用すると，k_2 は

$$k_2 = h\Big[f + mh(f_x + f_y f) + \frac{m^2 h^2}{2}(f_{xx} + 2f_{xy}f + f_{yy}f^2) \\ + \frac{m^3 h^3}{6}(f_{xxx} + 3f_{xxy}f + 3f_{xyy}f^2 + f_{yyy}f^3) + \cdots \Big] \quad (8.22)$$

同様の計算をして，k_3 から k_4 までを表にまとめると**表 8.1** のようになる。

表 8.1 (a) k_3 の係数

h	f
h^2	$n(f_x + f_y f)$
h^3	$\dfrac{n^2}{2}(f_{xx} + 2f_{xy}f + f_{yy}f^2) + mnf_y(f_x + f_y f)$
h^4	$\dfrac{n^3}{6}(f_{xxx} + 3f_{xxy}f + 3f_{xyy}f^2 + f_{yyy}f^3) + \dfrac{1}{2}m^2 n f_y(f_{xx} + 2f_{xy}f + f_{yy}f^2)$ $+ mn^2(f_{xy} + f_{yy}f)(f_x + f_y f)$

表 8.1 (b) k_4 の係数

h	f
h^2	$p(f_x + f_y f)$
h^3	$\dfrac{p^2}{2}(f_{xx} + 2f_{xy}f + f_{yy}f^2) + npf_y(f_x + f_y f)$
h^4	$\dfrac{p^3}{6}(f_{xxx} + 3f_{xxy}f + 3f_{xyy}f^2 + f_{yyy}f^3) + \dfrac{1}{2}n^2 pf_y(f_{xx} + 2f_{xy}f + f_{yy}f^2)$ $+ np^2(f_{xy} + f_{yy}f)(f_x + f_y f) + mnpf_y{}^2(f_x + f_y f)$

式 (8.20) に式 (8.19) を代入した式と, $k_1 = hf$, 式 (8.22) および表の k_3, k_4 を式 (8.14) に代入したものを等置し, h の同じべきの係数が等しいものとおくと

$$h: \quad f = af + bf + cf + df \tag{8.23}$$

$$h^2: \quad \frac{1}{2}(f_x + f_y f) = bm(f_x + f_y f) + cn(f_x + f_y f) + dp(f_x + f_y f) \tag{8.24}$$

$$h^3: \quad \frac{1}{6}(f_{xx} + 2f_{xy}f + f_{yy}f^2) + \frac{1}{6}f_y(f_x + f_y f)$$
$$= \frac{1}{2}(f_{xx} + 2f_{xy}f + f_{yy}f^2)(m^2 b + n^2 c + p^2 d)$$
$$+ [f_y(f_x + f_y f)](cmn + dnp) \tag{8.25}$$

式 (8.23), (8.24) は

$$a + b + c + d = 1 \tag{8.26}$$

$$bm + cn + dp = \frac{1}{2} \tag{8.27}$$

式 (8.25) は二つの式に分離できる.

$$m^2 b + n^2 c + p^2 d = \frac{1}{3} \tag{8.28}$$

$$cmn + dnp = \frac{1}{6} \tag{8.29}$$

これら係数を決める式を**表 8.2** に示す.

表 8.2　ルンゲ-クッタの係数を決定する式

h	$a+b+c+d=1$	h^4	$bm^3+cn^3+dp^3=1/4$
h^2	$bm+cn+dp=1/2$		$cmn^2+dnp^2=1/8$
h^2	$bm^2+cn^2+dp^2=1/3$ $cmn+dnp=1/6$		$cm^2n+dn^2p=1/12$ $dmnp=1/24$

表 8.2 を用いて具体的なルンゲ-クッタ表示を求める最初の例として，式 (8.14) の Δy が最初の2項で表され，$m=1$ を選ぶ場合を考える。また，精度は h^2 のオーダーとする。この場合は $c=d=0$ より，表の式からただちに $a=b=1/2$ が得られ，ルンゲ-クッタ表示はオイラー-コーシー法となる。

第2の例として，式 (8.14) の Δy の最初の3項で表される場合は，$m=1/3$，$n=2/3$ を選ぶと，表より

$$\begin{cases} a+b+c=1 \\ \dfrac{1}{3}b+\dfrac{2}{3}c=\dfrac{1}{2} \\ \left(\dfrac{1}{3}\right)^2 b+\left(\dfrac{2}{3}\right)^2 c=\dfrac{1}{3} \\ \dfrac{1}{3}c\times\dfrac{2}{3}=\dfrac{1}{6} \end{cases} \quad (8.30)$$

式 (8.30) の第4式より $c=3/4$，第2式あるいは第3式より $b=0$，第1式より $a=1/4$。したがって

$$\begin{cases} \Delta y = \dfrac{1}{4}(k_1+3k_3) \\ k_1 = hf(x,\ y) \\ k_2 = hf\!\left(x+\dfrac{1}{3}h,\ y+\dfrac{1}{3}k_1\right) \\ k_3 = hf\!\left(x+\dfrac{2}{3}h,\ y+\dfrac{2}{3}k_2\right) \end{cases} \quad (8.31)$$

が得られる。これはホイン (Heun) の公式と呼ばれる。

代表的なルンゲ-クッタの公式を表 8.3 に示す。

表 8.3 ルンゲ-クッタの公式

ホインの方法	$k_1 = hf(x, y)$ $k_2 = hf\{x+(1/3)h, y+(1/3)k_1\}$ $k_3 = hf\{x+(2/3)h, y+(2/3)k_2\}$ $\Delta y = (k_1 + 3k_3)/4$
クッタ-シンプソンの方法 (1/3法則)	$k_1 = hf(x, y)$ $k_2 = hf\{x+(1/2)h, y+(1/2)k_1\}$ $k_3 = hf\{x+(1/2)h, y+(1/2)k_2\}$ $k_4 = hf(x+h, y+k_3)$ $\Delta y = (k_1 + 2k_2 + 2k_3 + k_4)/6$
クッタ-シンプソンの方法 (3/8法則)	$k_1 = hf(x, y)$ $k_2 = hf\{x+(1/3)h, y+(1/3)k_1\}$ $k_3 = hf\{x+(2/3)h, y+k_2-(1/3)k_1\}$ $k_4 = hf(x+h, y+k_3-k_2+k_1)$ $\Delta y = (k_1 + 3k_2 + 3k_3 + k_4)/8$

例題 8.2 ホインの方法を用いて，初期値問題

$$\frac{dy}{dx} = xy + 1, \quad y(0) = 1$$

を $h = 0.5$ として $y(0.5)$ を求めよ．

【解答】 $f(x, y) = xy + 1$

$k_1 = hf(0, 1) = 0.5$

$k_2 = hf\left(\dfrac{1}{3} \times 0.5, 1 + \dfrac{1}{3} \times 0.5\right) = 0.597\,22$

$k_3 = hf\left(\dfrac{2}{3} \times 0.5, 1 + \dfrac{2}{3} \times 0.597\,22\right) = 0.733\,02$

$\Delta y = \dfrac{1}{4}(k_1 + 3k_3) = 0.674\,77$

$y(0.5) = y(0) + \Delta y = 1.674\,77$ ◇

例題 8.3 クッタ-シンプソン (Kutta-Simpson) の 1/3 法則を用いて**例題 8.2** を解け．

【解答】 $f(x, y) = xy + 1$

$k_1 = hf(0, 1) = 0.5$

$$k_2 = hf\left(\frac{1}{2} \times 0.5,\ 1 + \frac{1}{2} \times 0.5\right) = 0.656\,25$$

$$k_3 = hf\left(\frac{1}{2} \times 0.5,\ 1 + \frac{1}{2} \times 0.656\,25\right) = 0.666\,02$$

$$k_4 = hf\,(0.5,\ 1 + 0.666\,02) = 0.916\,51$$

$$\Delta y = \frac{1}{6}\,(k_1 + 2k_2 + 2k_3 + k_4) = 0.676\,84$$

$$y(0.5) = y(0) + \Delta y = 1.676\,8 \qquad\qquad\qquad\qquad\qquad \diamondsuit$$

例題 8.4 クッタ-シンプソン（Kutta-Simpson）の 3/8 法則を用いて

$$\frac{dy}{dx} = xy + 1,\qquad y(1) = 1$$

を $h = 0.5$ として $y(1.5)$ を求めよ．

【解答】 $f(x,\ y) = xy + 1$

$$k_1 = hf\,(1,\ 1) = 1$$

$$k_2 = hf\left(1 + \frac{1}{3} \times 0.5,\ 1 + \frac{1}{3} \times 1\right) = 1.277\,7$$

$$k_3 = hf\left(1 + \frac{2}{3} \times 0.5,\ 1 + 1.277\,7 - \frac{1}{3} \times 1\right) = 1.796\,2$$

$$k_4 = hf\,(1 + 0.5,\ 1 + 1.796\,2 - 1.277\,7 + 1) = 2.388\,9$$

$$\Delta y = \frac{1}{8}\,(k_1 + 3k_2 + 3k_3 + k_4) = 1.576\,3$$

$$y(1.5) = y(1) + \Delta y \fallingdotseq 2.576\,3 \qquad\qquad\qquad\qquad \diamondsuit$$

なお，連立方程式に対するルンゲ-クッタ法については**表 8.4** に示す．ま

表 8.4 ルンゲ-クッタの公式（連立方程式）

$\dfrac{dx}{dt} = f(t,\ x,\ y)$	$k_1 = hf(t,\ x,\ y)$ $k_2 = hf\{t + (1/2)h,\ x + (1/2)k_1,\ y + (1/2)l_1\}$ $k_3 = hf\{t + (1/2)h,\ x + (1/2)k_2,\ y + (1/2)l_2\}$ $k_4 = hf(t + h,\ x + k_3,\ y + l_3)$ $\Delta x = (k_1 + 2k_2 + 2k_3 + k_4)/6$
$\dfrac{dy}{dt} = g(t,\ x,\ y)$	$l_1 = hg(t,\ x,\ y)$ $l_2 = hg\{t + (1/2)h,\ x + (1/2)k_1,\ y + (1/2)l_1\}$ $l_3 = hg\{t + (1/2)h,\ x + (1/2)k_2,\ y + (1/2)l_2\}$ $l_4 = hg(t + h,\ x + k_3,\ y + l_3)$ $\Delta y = (l_1 + 2l_2 + 2l_3 + l_4)/6$

た，高階微分方程式に対するルンゲ-クッタ法や，コンピュータ用として記憶容量を少なくし，また，丸め誤差の累積を抑制する工夫をしたルンゲ-クッタ-ギル（Runge-Kutta-Gill）の方法もあるが，本書では割愛する。

演 習 問 題

【1】 式 (8.13) を用いて，初期値問題
$$\frac{dy}{dx} = x + y, \quad y(0) = 1$$
を $h = 0.5$ として $y(0.5)$ を求めよ。

【2】 問題【1】を表 8.3 のホインの方法により解け。

【3】 問題【1】を表 8.3 のクッタ-シンプソンの 1/3 法則を用いて解け。

【4】 問題【1】を表 8.3 のクッタ-シンプソンの 3/8 法則を用いて解け。

【5】 自動車の簡単なモデル（質点，直線運動）の制御システムをつぎの微分方程式で表す。
$$m\frac{d^2y}{dt^2} + k_d\frac{dy}{dt} = u$$
ここで，m を自動車の質量，k_d を空気その他による抵抗，u を操作量とすると，時間 t に対する自動車の到達位置 $y(t)$ を求めることができる。これは変数の置換えで，つぎの連立常微分方程式になる。
$$\frac{dy}{dt} = v$$
$$\frac{dv}{dt} + \frac{k_d}{m}v = \frac{1}{m}u$$
u を仮定し，初期条件を設定して y, v を求めよ。

9

固有値問題

工学的問題のなかには，**固有値**（eigen value）や**固有ベクトル**（eigen vector）を決定しなければならないものが数多くある。質量・ばね系の自由振動，航空機や流体機械の翼や羽根の自励振動，エンジンのクランクシャフトのねじり振動，つり橋の振動，地震あるいは電気回路の共振など，振動問題が代表的なものである。

ほかには，柱の座屈，量子力学におけるエネルギーバンドの構造などもその例である。

本章では，固有値と固有ベクトルの概念，質量・ばね系を含む二，三の例および反復法に基づく基本的計算法について解説する。

9.1 固有値と固有ベクトル

$x_1, x_2, \cdots, x_n$ を未知数とするつぎの連立方程式 (9.1) を考える。

$$\begin{cases} a_{11}x_1 + a_{12}x_2 + \cdots + a_{1n}x_n = 0 \\ a_{21}x_1 + a_{22}x_2 + \cdots + a_{2n}x_n = 0 \\ \quad \vdots \qquad\qquad\qquad\qquad \vdots \\ a_{n1}x_1 + a_{n2}x_2 + \cdots + a_{nn}x_n = 0 \end{cases} \quad (9.1)$$

連立方程式 (9.1) の一組みの解として，明らかであるのは，すべてが 0 の場合である。すなわちつぎのような解であるが，以下ではこれは考えない。

$$x_1 = x_2 = x_3 = \cdots x_n = 0 \quad (9.2)$$

さて，**クラメル**（Cramer）の法則から連立方程式 (9.1) の一組みの解 x_j は式 (9.3) のように表される。

$$x_j = \frac{D_j}{D} \quad (j = 1, 2, \cdots, n) \tag{9.3}$$

ここで，D は係数行列 $[a_{ij}]$ の行列式の値であり，D_j は $[a_{ij}]$ の j 列のすべての係数を右辺の値と置き換えた行列式の値である。j 列についての展開によって D_j を求めると，j 列がすべて 0 であることから

$$D_j = 0 \tag{9.4}$$

したがって，x_j が 0 以外の値をもつための必要十分条件は

$$D = 0 \tag{9.5}$$

となる。これはまた式 (9.6) のようにも表される。

$$D = \begin{vmatrix} a_{11} & a_{12} & \cdots & a_{1n} \\ a_{21} & a_{22} & \cdots & a_{2n} \\ \vdots & & & \vdots \\ a_{n1} & a_{n2} & \cdots & a_{nn} \end{vmatrix} = |A| = 0 \tag{9.6}$$

式 (9.6) の行列 $[A]$ が二つの行列 $[P]$ と $[Q]$，および未知のスカラー量 λ によって式 (9.7) のように表されるものとする。

$$[A] = [P] - \lambda [Q] \tag{9.7}$$

すなわち

$$a_{ij} = p_{ij} - \lambda q_{ij} \quad (i, j = 1, 2, \cdots, n) \tag{9.8}$$

このようにすると，式 (9.1) は式 (9.9) のようになる。

$$[[P] - \lambda [Q]][X] = 0 \tag{9.9}$$

あるいはまた式 (9.10) のようにも表される。

$$\begin{cases} (p_{11} - \lambda q_{11}) x_1 + (p_{12} - \lambda q_{12}) x_2 + \cdots + (p_{1n} - \lambda q_{1n}) x_n = 0 \\ (p_{21} - \lambda q_{21}) x_1 + (p_{22} - \lambda q_{22}) x_2 + \cdots + (p_{2n} - \lambda q_{2n}) x_n = 0 \\ \quad \vdots \\ (p_{n1} - \lambda q_{n1}) x_1 + (p_{n2} - \lambda q_{n2}) x_2 + \cdots + (p_{nn} - \lambda q_{nn}) x_n = 0 \end{cases} \tag{9.10}$$

式 (9.10) が（有為な）解をもつための必要十分条件は，前述と同様に係数行列の行列式の値が 0 になることであるから

$$|P - \lambda Q| = 0 \tag{9.11}$$

すなわち

$$\begin{vmatrix} p_{11} - \lambda q_{11} & p_{12} - \lambda q_{12} & \cdots & p_{1n} - \lambda q_{1n} \\ p_{21} - \lambda q_{21} & p_{22} - \lambda q_{22} & \cdots & p_{2n} - \lambda q_{2n} \\ \vdots & & & \vdots \\ n_{n1} - \lambda q_{n1} & p_{n2} - \lambda q_{n2} & \cdots & p_{nn} - \lambda q_{nn} \end{vmatrix} = 0 \tag{9.12}$$

上の式 (9.12) を展開すると式 (9.13) のようになる。

$$\lambda^n + b_1 \lambda^{n-1} + b_2 \lambda^{n-2} + \cdots + b_{n-1} \lambda + b_n = 0 \tag{9.13}$$

式 (9.13) は，λ に関する n 次方程式で，その解は固有値として知られている。

n 個の固有値のおのおのに対応して x の列ベクトル（これを固有ベクトルという）が存在する。x の列ベクトルの要素は一義的に決定することができず，比として決定される。以下このことについて証明する。

式 (9.9) より

$$[P][X] = \lambda [Q][X] \tag{9.14}$$

a をスカラーとすると

$$[P][aX] = a[P][X] = a\lambda [Q][X] = \lambda [Q][aX]$$

すなわち

$$[P][aX] = \lambda [Q][aX] \tag{9.15}$$

したがって，式 (9.14)，(9.15) から，固有値 λ の固有ベクトルが，$[X]$，$[aX]$ のいずれでもよいことになる。すなわち，固有ベクトルは一義的に決定されず，比例的に決定されるだけである。

9.2 固有値問題の例

例題 9.1 つぎの方程式の固有値と固有ベクトルを求めよ。

9. 固有値問題

$$\begin{cases} 2x_1 + x_2 = \lambda x_1 \\ x_1 + 2x_2 = \lambda x_2 \end{cases}$$

【解答】 マトリクス表示すると

$$\begin{bmatrix} 2-\lambda & 1 \\ 1 & 2-\lambda \end{bmatrix} \begin{bmatrix} x_1 \\ x_2 \end{bmatrix} = \begin{bmatrix} 0 \\ 0 \end{bmatrix}$$

有為な解をもつための必要十分条件は

$$\begin{vmatrix} 2-\lambda & 1 \\ 1 & 2-\lambda \end{vmatrix} = 0$$

展開して因数分解して

$$(\lambda - 3)(\lambda - 1) = 0$$

これより得られる固有値は $\lambda = 1, 3$ となる。$\lambda = 1$ の場合,$x_1 = 1$ とおいて与式に代入すると $x_2 = -1$。$\lambda = 3$ の場合も同様に $x_1 = 1$ とおき,与式に代入して $x_2 = 1$ となる。まとめると

$$\lambda_1 = 1 ; [X] = \begin{bmatrix} x_1 \\ x_2 \end{bmatrix} = \begin{bmatrix} 1 \\ -1 \end{bmatrix} \quad \lambda_2 = 3 ; [X] = \begin{bmatrix} x_1 \\ x_2 \end{bmatrix} = \begin{bmatrix} 1 \\ 1 \end{bmatrix}$$

ここでは,$x_1 = 1$ として計算したが,得られた x のなかで絶対値最大のものを1とおいて計算し直すことにより比較しやすくなる(例題 9.3 参照)。 ◇

例題 9.2 つぎの方程式の固有値と固有ベクトルを求めよ。

$$\begin{bmatrix} 3-\lambda & 0 & 2 \\ 0 & 5-\lambda & 0 \\ 2 & 0 & 3-\lambda \end{bmatrix} \begin{bmatrix} x_1 \\ x_2 \\ x_3 \end{bmatrix} = \begin{bmatrix} 0 \\ 0 \\ 0 \end{bmatrix}$$

【解答】

$$\begin{vmatrix} 3-\lambda & 0 & 2 \\ 0 & 5-\lambda & 0 \\ 2 & 0 & 3-\lambda \end{vmatrix} = 0$$

第1行で展開すると

$$(3-\lambda)(-1)^{1+1} \times \begin{vmatrix} 5-\lambda & 0 \\ 0 & 3-\lambda \end{vmatrix} + 2 \times (-1)^{1+3} \times \begin{vmatrix} 0 & 5-\lambda \\ 2 & 0 \end{vmatrix} = 0$$

さらに展開し,因数分解すると

$$(5-\lambda)(\lambda - 1)(\lambda - 5) = 0$$

この三つの解は $\lambda = 1, 5, 5$ であり，例題 9.1 と同様に

$$\lambda_1 = 1 \,;\, [X] = \begin{bmatrix} 1 \\ 0 \\ -1 \end{bmatrix} \qquad \lambda_2 = 5 \,;\, [X] = \begin{bmatrix} 1 \\ 0 \\ 1 \end{bmatrix} \qquad \lambda_3 = 5 \,;\, [X] = \begin{bmatrix} 1 \\ 0 \\ 1 \end{bmatrix}$$

となる。◇

例題 9.3 ばね・質量系の自由振動の問題（図 9.1）において，質量 m，ばね定数 k，変位を u_1, $u_2 (u_1 < u_2)$ とすると，二つの質量の運動方程式はそれぞれ式 (9.16), (9.17) のようになる。

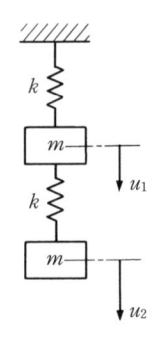

図 9.1 ばね・質量系の自由振動の問題

$$-ku_1 + k(u_2 - u_1) = m\ddot{u}_1(t) \qquad (9.16)$$
$$-k(u_2 - u_1) = m\ddot{u}_2(t) \qquad (9.17)$$

ここで，ドット（¨）は時間による微分を表している。

振動数を ω，初期位相を ϕ，振幅を x_1, x_2 として，式 (9.18), (9.19) のような形の振動

$$u_1 = x_1 \sin(\omega t + \phi) \qquad (9.18)$$
$$u_2 = x_2 \sin(\omega t + \phi) \qquad (9.19)$$

を仮定した場合の固有振動数 $\omega (m\omega^2/k$ でよい) と，振幅 x_1, x_2 を求めよ。

【解答】 式 (9.18), (9.19) を式 (9.16), (9.17) に代入すると

$$x_1(-2 + \lambda) + x_2 = 0$$
$$x_1 + x_2(-1 + \lambda) = 0$$

これより

$$\begin{vmatrix} -2+\lambda & 1 \\ 1 & -1+\lambda \end{vmatrix} = 0$$

ここで，$\lambda = m\omega^2/k$ である。

展開して

$$\lambda^2 - 3\lambda + 1 = 0$$

これより二つの固有値 λ_1, λ_2 はつぎのようになる。

$$\lambda_1 = \frac{3-\sqrt{5}}{2} = 0.382, \quad \lambda_2 = \frac{3+\sqrt{5}}{2} = 2.618$$

それぞれの λ に対して x_1, x_2 をつぎのように決めることができる。

$$\lambda = 0.382 ; [X] = \begin{bmatrix} x_1 \\ x_2 \end{bmatrix} = \begin{bmatrix} 0.618 \\ 1.000 \end{bmatrix} \quad \lambda = 2.618 ; [X] = \begin{bmatrix} x_1 \\ x_2 \end{bmatrix} = \begin{bmatrix} 1.000 \\ 0.618 \end{bmatrix}$$

◇

9.3 反復法による固有値の決定

　工学問題のなかには，固有値の最大値あるいは最小値を求めるだけで十分なものが少なくない。最大値あるいは最小値は反復法で容易に計算することができ便利であるので，これについて説明する。ヤコビ法やQR法などの一般的な計算法については参考文献18)参照すればよい。

　さて，式（9.14）より

$$[P][X] = \lambda[Q][X] \tag{9.20}$$

両辺に $[Q]$ の逆行列 $[Q^{-1}]$ を掛けると

$$[Q^{-1}][P][X] = \lambda[Q^{-1}][Q][X]$$

すなわち

$$[Q^{-1}P][X] = \lambda[X] \tag{9.21}$$

一方，式（9.20）の両辺に $[P^{-1}]$ を掛けると

$$[P^{-1}][P][X] = \lambda[P^{-1}][Q][X]$$

すなわち

$$[X] = \lambda[P^{-1}Q][X]$$

これより

9.3 反復法による固有値の決定

$$[P^{-1}Q][X] = \frac{1}{\lambda}[X] \qquad (9.22)$$

以上の反復法を例題 9.3 の振動の問題に応用しよう。すなわち

$$\begin{bmatrix} -2+\lambda & 1 \\ 1 & -1+\lambda \end{bmatrix} \begin{bmatrix} x_1 \\ x_2 \end{bmatrix} = 0 \qquad (9.23)$$

における固有値と固有ベクトルを求める。式 (9.21) を用いるため，式 (9.23) を変形し式 (9.20) の形に合わせると

$$\begin{bmatrix} 2 & -1 \\ -1 & 1 \end{bmatrix} \begin{bmatrix} x_1 \\ x_2 \end{bmatrix} = \lambda \begin{bmatrix} 1 & 0 \\ 0 & 1 \end{bmatrix} \begin{bmatrix} x_1 \\ x_2 \end{bmatrix} \qquad (9.24)$$

両辺に $\begin{bmatrix} 1 & 0 \\ 0 & 1 \end{bmatrix}^{-1}$ を掛けると

$$\begin{bmatrix} 1 & 0 \\ 0 & 1 \end{bmatrix}^{-1} \begin{bmatrix} 2 & -1 \\ -1 & 1 \end{bmatrix} \begin{bmatrix} x_1 \\ x_2 \end{bmatrix} = \lambda \begin{bmatrix} 1 & 0 \\ 0 & 1 \end{bmatrix}^{-1} \begin{bmatrix} 1 & 0 \\ 0 & 1 \end{bmatrix} \begin{bmatrix} x_1 \\ x_2 \end{bmatrix}$$

したがって

$$\begin{bmatrix} 2 & -1 \\ -1 & 1 \end{bmatrix} \begin{bmatrix} x_1 \\ x_2 \end{bmatrix} = \lambda \begin{bmatrix} x_1 \\ x_2 \end{bmatrix}$$

x_1，x_2 の第 0 近似値を 1，0，添え字は第 n 近似の n を表すものとすると

$$\begin{bmatrix} 2 & -1 \\ -1 & 1 \end{bmatrix} \begin{bmatrix} 1 \\ 0 \end{bmatrix} = \lambda_1 \begin{bmatrix} x_{1,1} \\ x_{2,1} \end{bmatrix}$$

左辺を計算すると

$$\begin{bmatrix} 2 & -1 \\ -1 & 1 \end{bmatrix} \begin{bmatrix} 1 \\ 0 \end{bmatrix} = 2 \times \begin{bmatrix} 1 \\ -0.5 \end{bmatrix}$$

したがって，上の二つの式の右辺の比較から，λ，x_1，x_2 の第 1 近似解 λ_1，$x_{1,1}$，$x_{2,1}$ は $\lambda_1 = 2$，$x_{1,1} = 1$，$x_{2,1} = -0.5$ となる。

反復法の一般式

$$\begin{bmatrix} 2 & -1 \\ -1 & 1 \end{bmatrix} \begin{bmatrix} x_{1,k} \\ x_{2,k} \end{bmatrix} = \lambda_{k+1} \begin{bmatrix} x_{1,k+1} \\ x_{2,k+1} \end{bmatrix}$$

を用いて，第2近似解 λ_2, $x_{1,2}$, $x_{2,2}$ を求めるには上式で $k=1$ として

$$\begin{bmatrix} 2 & -1 \\ -1 & 1 \end{bmatrix} \begin{bmatrix} 1 \\ -0.5 \end{bmatrix} = \lambda_2 \begin{bmatrix} x_{1,2} \\ x_{2,2} \end{bmatrix}$$

左辺の計算は

$$\begin{bmatrix} 2 & -1 \\ -1 & 1 \end{bmatrix} \begin{bmatrix} 1 \\ -0.5 \end{bmatrix} = 2.5 \times \begin{bmatrix} 1 \\ -0.6 \end{bmatrix}$$

となり，上の二つの式の右辺の比較から $\lambda_2 = 2.5$, $x_{1,2} = 1$, $x_{2,2} = -0.6$ が得られる。

以下，同様に第3，4近似解は以下のようになる。

$$\begin{bmatrix} 2 & -1 \\ -1 & 1 \end{bmatrix} \begin{bmatrix} 1 \\ -0.6 \end{bmatrix} = 2.6 \times \begin{bmatrix} 1 \\ -0.615 \end{bmatrix}$$

より，$\lambda_3 = 2.6$, $x_{1,3} = 1$, $x_{2,3} = -0.615$

$$\begin{bmatrix} 2 & -1 \\ -1 & 1 \end{bmatrix} \begin{bmatrix} 1 \\ -0.615 \end{bmatrix} = 2.615 \times \begin{bmatrix} 1 \\ -0.618 \end{bmatrix}$$

より，$\lambda_4 = 2.615$, $x_{1,4} = 1$, $x_{2,4} = -0.618$

つぎに式 (9.22) を用いてみよう。

式 (9.24) の両辺に $\begin{bmatrix} 2 & -1 \\ -1 & 1 \end{bmatrix}^{-1}$ を掛けると

$$\begin{bmatrix} 2 & -1 \\ -1 & 1 \end{bmatrix}^{-1} \begin{bmatrix} 2 & -1 \\ -1 & 1 \end{bmatrix} \begin{bmatrix} x_1 \\ x_2 \end{bmatrix} = \lambda \begin{bmatrix} 2 & -1 \\ -1 & 1 \end{bmatrix}^{-1} \begin{bmatrix} 1 & 0 \\ 0 & 1 \end{bmatrix} \begin{bmatrix} x_1 \\ x_2 \end{bmatrix}$$

$$(9.25)$$

逆行列の計算は

$$\begin{bmatrix} 2 & -1 \\ -1 & 1 \end{bmatrix}^{-1} = \begin{bmatrix} 1/3 & 1/3 \\ 1/3 & 2/3 \end{bmatrix}$$

となるから，式 (9.25) はつぎのようになる。

$$\begin{bmatrix} x_1 \\ x_2 \end{bmatrix} = \lambda \begin{bmatrix} 1/3 & 1/3 \\ 1/3 & 2/3 \end{bmatrix} \begin{bmatrix} x_1 \\ x_2 \end{bmatrix}$$

これより
$$\begin{bmatrix} 1/3 & 1/3 \\ 1/3 & 2/3 \end{bmatrix} \begin{bmatrix} x_1 \\ x_2 \end{bmatrix} = \frac{1}{\lambda} \begin{bmatrix} x_1 \\ x_2 \end{bmatrix}$$

$x_1 = 0$, $x_2 = 1$ とおいて左辺の計算を行うと
$$\begin{bmatrix} 1/3 & 1/3 \\ 1/3 & 2/3 \end{bmatrix} \begin{bmatrix} 0 \\ 1 \end{bmatrix} = \frac{2}{3} \times \begin{bmatrix} 1/2 \\ 1 \end{bmatrix}$$

上の二つの式の右辺の比較から，λ，x_1，x_2 の第1近似解は $\lambda_1 = 3/2$，$x_{1,1} = 1/2$，$x_{2,1} = 1$ となる。

以下，同様に第2, 3, 4近似解はつぎのようになる。
$$\begin{bmatrix} 1/3 & 1/3 \\ 1/3 & 2/3 \end{bmatrix} \begin{bmatrix} 1/2 \\ 1 \end{bmatrix} = \frac{5}{6} \times \begin{bmatrix} 3/5 \\ 1 \end{bmatrix}$$

より，$\lambda_2 = 6/5$，$x_{1,2} = 3/5$，$x_{2,2} = 1$
$$\begin{bmatrix} 1/3 & 1/3 \\ 1/3 & 2/3 \end{bmatrix} \begin{bmatrix} 3/5 \\ 1 \end{bmatrix} = \frac{13}{15} \times \begin{bmatrix} 8/13 \\ 1 \end{bmatrix}$$

より，$\lambda_3 = 15/13$，$x_{1,3} = 8/13$，$x_{2,3} = 1$
$$\begin{bmatrix} 1/3 & 1/3 \\ 1/3 & 2/3 \end{bmatrix} \begin{bmatrix} 8/13 \\ 1 \end{bmatrix} = \frac{34}{39} \times \begin{bmatrix} 21/34 \\ 1 \end{bmatrix}$$

より，$\lambda_4 = 39/34$，$x_{1,4} = 21/34$，$x_{2,4} = 1$

λ は $\lambda_1 = 3/2 = 1.5$，$\lambda_2 = 6/5 = 1.2$，$\lambda_3 = 15/13 = 1.154$，$\lambda_4 = 1.147$ のように変化して最小値に収束していることがわかる。

式 (9.21) を用いる前者では，固有値 λ の最大値とその固有ベクトルが得られ，式 (9.22) を用いる後者では λ の最小値とその固有ベクトルが得られた。収束する場合は，このことは一般的にいうことができる。

固有ベクトルの第0近似の仮定は，マトリクスのなかの最大要素のある行のベクトル成分に1を，ほかに0を仮定すると収束がよくなることが知られている。

演習問題

【1】 つぎの連立方程式の固有値と固有ベクトルを求めよ。
$$x_1 + 2x_2 = \lambda x_1$$
$$2x_1 + x_2 = \lambda x_2$$

【2】 つぎの連立方程式の固有値と固有ベクトルを求めよ。
$$\begin{bmatrix} -1-\lambda & 2 & 2 \\ 0 & -2-\lambda & -1 \\ -4 & -2 & 3-\lambda \end{bmatrix} \begin{bmatrix} x_1 \\ x_2 \\ x_3 \end{bmatrix} = \begin{bmatrix} 0 \\ 0 \\ 0 \end{bmatrix}$$

【3】 問図 9.1 に示す質量・ばね系の固有振動数 $\omega(m\omega^2/k)$ と振幅 x_1, x_2 を求めよ。ただし、微分方程式はつぎのようになる。
$$-ku_1 + k(u_2 - u_1) = m\ddot{u}_1$$
$$-k(u_2 - u_1) - 2ku_2 = m\ddot{u}_2$$

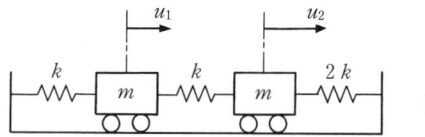

問図 9.1

【4】 つぎの最大固有値と固有ベクトルを求めよ。
$$\begin{bmatrix} 2 & -1 & 0 \\ -1 & 2 & -1 \\ 0 & -1/2 & 1 \end{bmatrix} \begin{bmatrix} x_1 \\ x_2 \\ x_3 \end{bmatrix} = \lambda \begin{bmatrix} x_1 \\ x_2 \\ x_3 \end{bmatrix}$$

【5】 問図 9.2 のような自由振動系で、つぎのようなマトリクス形に書き直したときの A, B, X を書け。ただし、$\lambda = m\omega^2/k$, $u_1 = x_1 \sin(\omega t + \varphi)$, $u_2 = x_2 \sin(\omega t + \varphi)$, $u_3 = x_3 \sin(\omega t + \varphi)$ とする。
$$AX = \lambda BX$$

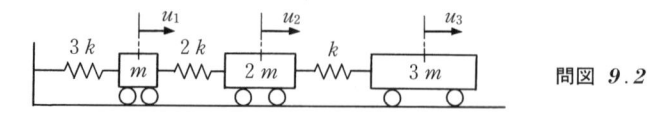

問図 9.2

10

シミュレーション

　シミュレーション(simulation)は,問題となっているシステム(system,系)そのものではなく,その系に対するモデルを用いて実験を行い,その特性などを明らかにすることをいう。

　この章では**乱数**(random number)を利用した数値シミュレーションである**モンテカルロ法**(Monte-Carlo method)と,代表的な数値解析手法で,構造・熱・流れなどの解析に幅広く用いられている**有限要素法**(finite element method)の概要を説明する。また,その他の数値解析手法として,**差分法**(finite difference method)と**境界要素法**(boundary element method)についても,ごく大まかにその考え方を紹介する。

10.1 シミュレーションとは

　上で述べたとおり,シミュレーションとは,実際の系をなんらかのモデルに置き換えて**模擬実験**や数値解析(**数値実験**ともいわれる)を行うことにより,もとの系の挙動を明らかにすることである。コンピュータの性能向上と普及の著しい今日では,コンピュータによる**数値シミュレーション**を指すことが多い。

　数値シミュレーションを行うには,解析しようとする系を支配している方程式を求め,これに適当な境界条件と初期条件を与えて解くのが普通であり,解く過程ですでに述べた各種数値計算手法が使われる。

　壮大な数値シミュレーションの例として**気象予報**をあげることができるであろう。気象予報は「完全気体の状態方程式」,「連続の方程式」,「運動方程式」,

「エネルギー方程式」という四つの支配方程式に初期条件・境界条件を与えて，刻々の温度・速度・圧力・密度を求める数値シミュレーションである．

このように，現在きわめて広い分野で活用されている数値シミュレーションであるが，必ずしも万能であるわけではなく，それを利用して有効であるのはつぎのような場合であると考えることができる．

1) 実際の現象の追跡には
　・時間がかかりすぎる（あるいは逆に短すぎる）
　・費用がかかりすぎる
　・危険を伴う
　などの理由があって実行できないか，実行が困難な場合
2) 理論的な解析モデルが作成できない場合

シミュレーションはあくまで模擬実験（解析）であるので，結果の妥当性をなんらかの別の方法で検証しておくことは不可欠であろう．

10.2　モンテカルロ法

乱数という確率的な量を，確率モデルではなく，決定論的な数学の問題に適用して解く方法を**モンテカルロ法**といい，通常の数値積分法で解くのが困難な多重積分の計算などに威力を発揮する．

本節では，モンテカルロ法のいくつかの具体的な応用例を示す．

〔**1**〕 **乱数の発生**　　ある分布に従う母集団から無作為に取り出された数を**乱数**といい，母集団が一様分布の性質をもつ場合が**一様乱数**である．一様乱数の場合，完全に無秩序（偶然性と無規則性）で，かつ全体としては出現の頻度が等しいこと（相対度数の安定性）が必要とされる．

乱数を得る方法として**乱数表**を用いたり，**乱数サイ**という正20面体のサイコロを使ったりする方法があるが，多数の乱数を得たい場合，これらの方法は主として速度の点で実用的ではない．

FORTRANやCのようなプログラミング言語には，乱数発生用のプログラ

ムが組込み関数の形で準備されている場合が多いので，乱数を使った数値シミュレーションを行う場合には，それを利用するのが一番手軽であるが，以下に示すように比較的単純なアルゴリズムによって乱数を発生させることもできる．

ただ，この場合，つくられる乱数は**擬似乱数**（pseudo-random number）と呼ばれるものであり，近似的に乱数の性質を満たしているにすぎないことに注意しておく必要がある．

コンピュータによる擬似乱数発生法のうち，最近は**合同法**（congruence method）と呼ばれる方法がよく用いられるが，ここでは，そのなかでも一番よく使われている**乗算合同法**について簡単に説明する．

乗算合同法は

$$r_{i+1} = ar_i \pmod{p} \tag{10.1}$$

という関係式を用いて乱数を発生させる方法である．式（10.1）の文字はいずれも 0 または正の整数であって，この式は「ar_i を p で割った余りが r_{i+1} である」ことを意味しており，r_i, r_{i+1} が乱数である．

各数値をどう選ぶかによって，擬似乱数の性質の良し悪しが左右され，各文字には以下のような数値を与えればよいとされる．

p：コンピュータが表すことができる最大の整数+1，すなわち整数を 2 進数 32 bit（符号ビットを含む）で表す場合には $2^{31} = 2147483648$ とする．

a：8 で割った余りが ± 3 となる正の整数，すなわち 3，5，11，13，…

r_i：初期値 r_0 は p より小さい正の奇数

この式を使えば整数型の乱数 r_1, r_2, …を順次発生させることができる．乗算合同法を用いて区間 $[0, 1]$ に一様に分布する乱数を発生させるサブプログラムを付録に示してある．

例題 10.1 付録の乱数発生サブルーチン RND を用いて乱数を 10 000 回発生させ，その平均値を求めよ．ただし，乱数発生の核となる IX は 1234567 とせよ．

【解答】 サブルーチン RND を 10 000 回呼び出して乱数を発生させ，その平均値を求めるためのメインプログラムが必要である．簡単なプログラムであるので，各自で作成されたい．IX = 1234567 とすると，平均値は 0.503 533 になる．

乱数発生回数 N や IX の値をインプットデータとして読み込む形にしておくと，これらの値を容易に種々変化させることができる．N が十分大きければ，どの場合も平均値はほぼ 0.5 になる．　　　　　　　　　　　　　　　　　　　　　　◇

〔2〕 **定積分の計算**　　まず最初に式 (10.2) のような単純な定積分を乱数を使って解くことを考える．

$$I = \int_0^1 f(x)\,dx \tag{10.2}$$

ただし，$0 \leq x \leq 1$ で $0 \leq f(x) \leq a$ とする（図 **10.1**）．

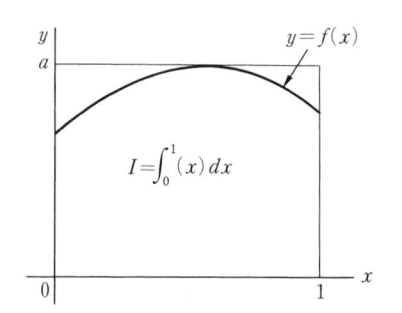

図 **10.1**　定積分 I と長方形領域

区間 $[0, 1]$ 内に一様に分布する一様乱数 $r_1, r_2, r_3, r_4, \cdots, r_{2n-1}, r_{2n}$ を発生させ，n 個の点 $R_1(r_1, ar_2), R_2(r_3, ar_4), \cdots, R_n(r_{2n-1}, ar_{2n})$ を xy 平面上にプロットすれば，これらは幅 1，高さ a の長方形領域内に一様に分布すると考えられる．

そこで，これら n 個の点のうち

$$f(r_{2k-1}) \geq ar_{2k} \qquad (k = 1, 2, \cdots, n) \tag{10.3}$$

を満たせば，点 R_k は面積を求めようとする領域内にあると判定し，これを満たすものが m 個あったとすると，n が十分大きい場合

$$\frac{I}{a} \doteqdot \frac{m}{n} \qquad \therefore I = \int_0^1 f(x)\,dx \doteqdot \frac{m}{n}a \tag{10.4}$$

となる．すなわち，m，n をカウントすることによって定積分の近似値を求めることができる．

つぎに乱数を使って別の方法で定積分を求めることを考えよう．

式 (10.2) において，I は区間 $[0, 1]$ における $f(x)$ の平均値である．区間 $[0, 1]$ に乱数を n 個（$r_1, r_2, \cdots, r_n$ とする）発生させ，それらに対する関数 $f(x)$ の値の平均値を $\overline{f}_n(x)$ とすると

$$\overline{f}_n(x) = \frac{1}{n}\{f(r_1)+f(r_2)+\cdots+f(r_n)\} = \frac{1}{n}\sum_{k=1}^{n}f(r_k) \qquad (10.5)$$

であり，この値がこの区間における $f(x)$ の平均値（すなわち I）であることが期待されるから

$$I = \int_0^1 f(x)\,dx \fallingdotseq \frac{1}{n}\sum_{k=1}^{n}f(r_k) \qquad (10.6)$$

となる．

この方法で積分値を求める場合，乱数の発生数 n の増加とともに誤差が減少する早さは $1/\sqrt{n}$ に比例することがわかっており，したがって，解の精度を上げるためには n を十分大きくする必要がある．

しかしながら，この方法には
- $f(x)$ の性質が悪くても特に問題なく解が求められる
- 多重積分に容易に適用できる

という得がたい利点がある．

すなわち，**m 重積分**

$$\int_0^1\int_0^1\cdots\int_0^1 f(x_1, x_2, \cdots, x_m)\,dx_1 dx_2\cdots dx_m \qquad (10.7)$$

の近似値を求めようと思えば，区間 $[0, 1]$ 内に $m \times n$ 個の一様乱数

$$r_{11}, r_{12}, \cdots, r_{1m}, r_{21}, r_{22}, \cdots, r_{2m}, \cdots, r_{n1}, r_{n2}, \cdots, r_{nm}$$

を発生させ

$$\frac{1}{n}\{f(r_{11}, r_{12}, \cdots, r_{1m}) + f(r_{21}, r_{22}, \cdots, r_{2m}) + \cdots$$
$$+ f(r_{n1}, r_{n2}, \cdots, r_{nm})\} \qquad (10.8)$$

を計算すればよい。

積分区間が$[0, 1]$でない場合は，変数変換を行って積分区間を$[0, 1]$に変換してから，式（10.8）を適用すればよい。

例題 10.2 式（10.4）の考え方を使って，定積分 $I = \int_0^{\pi/2} \sin x \, dx$ の値を求めよ。

【解答】 $x = \pi t/2$という置換えによって，変数tに関する積分区間$[0, 1]$の積分に変換してもよいが，r_x, r_yという乱数の組を発生させ，座標点$(\pi r_x/2, r_y)$が曲線 $y = \sin x$ と x 軸，直線 $x = \pi/2$ で囲まれる図形内にあるかどうかを調べてもよい。ここでは後者の方法をとることにする。

例として，乱数を使って発生させた500点が領域内 $(0 \leq x \leq \pi/2, \ 0 \leq y \leq 1)$ に分布する状態を**図 10.2**に示す（ただし，この図は図形処理の必要から，別の basic program を使って描かせたものである）。

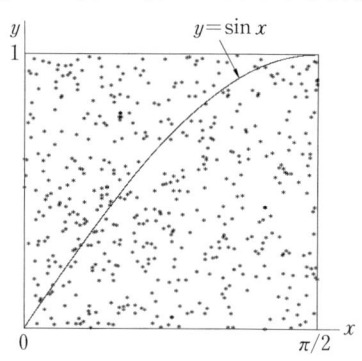

図 10.2 乱数によって発生させた点の分布状態

付録に示す RND サブルーチンを用いて上記と同様に 500 の点を発生させ，その点が，面積を求めようとする領域内に存在する割合から面積を求めた結果は，IX = 1234567 のとき $I = 1.0022$ であった（正解は 1）。また，発生点数 $N = 10\,000$ とすると $I = 0.9973$ という値になった。　　　　　　　　　　　　　　　　　◇

例題 10.3 式（10.6）の考え方を使って，定積分 $I = \int_0^1 \dfrac{1}{1+x^2} \, dx$ の値を求めよ。

【解答】 この問題の場合，発生させた各乱数 r_i に対して，$f(r_i) = 1/(1+r_i^2)$ の値

を求め，その平均値を計算すればよい。

正解は $\pi/4 (\fallingdotseq 0.7854)$ であるが，発生させた乱数の数 N とともに，I の近似値が変化する様子を表の形にまとめると，**表 10.1** のとおりである。　◇

表 10.1　$I = \int_0^1 \dfrac{1}{1+x^2}\,dx$ の近似値の変化

乱数発生数 N	I の近似値	乱数発生数 N	I の近似値
200	0.7811	2000	0.7818
500	0.7854	5000	0.7834
1000	0.7873		

例題 10.4　式（10.8）の考え方を使ってつぎの三重積分の値を求めよ。
$$I = \int_0^1 \int_{-1}^2 \int_1^3 xyz\,dxdydz$$

【解答】　$x = 2u+1$, $y = 3v-1$ によって積分変数を変換し，つぎのよう変形してから式（10.8）の方法を使えばよい。

$$I = 6\int_0^1 \int_0^1 \int_0^1 (2u+1)(3v-1)z\,dudvdz$$

正解は $I = 3$ であるが，乱数発生数を 1000〔組〕，5000〔組〕とし，IX = 1111111 とした場合，I の近似値はそれぞれ 2.844，2.903 程度の値になる。　◇

---

〔3〕　**ビュホンの針の問題**　多数の平行線を等間隔（h）に引いた紙の上に，長さ a の針（$a \leq h$ とする）を N 回無作為に落とし，針が静止したときに平行線のどれかに交わった回数を n とする。このとき，N を十分大きくとれば，針が平行線と交わる確率 P は式（10.9）で与えられる。

$$P = \frac{n}{N} = \frac{2a}{\pi h} \tag{10.9}$$

a, h, N, n は既知の量であるから，逆にこの式（10.9）を使って π の近似値が

$$\pi \fallingdotseq \frac{2Na}{nh} \tag{10.10}$$

で求められることになる。これが**ビュホンの針の問題**（Buffon's needle problem）であり，意外性があって興味のもてる問題である。

例題 10.5 式（10.10）を導け．

【解答】 図 10.3 に示すように，平行線と針のなす角度を $\theta(0 \leqq \theta \leqq \pi)$ とすると，針の向きはまったくランダムであるから，針が平行線となす角度が θ と $\theta + d\theta$ の間に入る確率は $d\theta/\pi$ である．

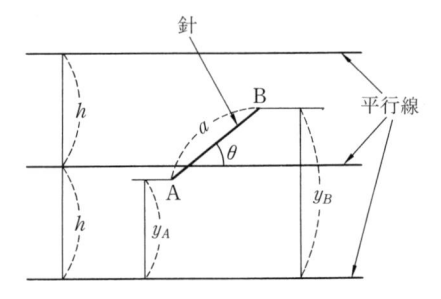

図 10.3 ビュフォンの針の問題

また，この状態で平行線に対して直角方向の針の長さは $a \sin \theta$ で，平行線に直角方向の位置もまったくランダムであるので，針が平行線と交わる確率は $a \sin \theta / h$ である．

したがって，針の角度が θ と $\theta + d\theta$ の間にあって，かつ平行線と交わる確率 dP は

$$dP = \frac{a \sin \theta}{h} \frac{d\theta}{\pi} \tag{10.11}$$

となる．

針が平行線と交わる全確率 P は，式（10.11）を θ について 0 から π まで積分すれば求めることができ，N が十分大きいときには $P = n/N$ とおいてよいので

$$P = \int_0^\pi \frac{a \sin \theta}{h} \frac{d\theta}{\pi} = \frac{a}{\pi h} \int_0^\pi \sin \theta \, d\theta = \frac{n}{N} \quad \therefore \; \pi = \frac{2Na}{nh} \quad \diamond$$

N がそれほど大きくなければ，上記の実験を実施することは容易である．しかしながら，近似の精度を上げるためには N を十分大きくする必要があり，机上での実験は困難である．そこで，乱数を使って数値シミュレーションを行うことを考える．

考え方は以下のとおりである．

10.2 モンテカルロ法

① まず針の一方の端 A が平行線に対してどのような高さ方向位置にあるかを決めるための乱数 r_y を発生させる。これに平行線間隔 h を掛けると、針の A 端の高さ方向位置 y_A が決まる（図 10.3）。

② つぎに針の傾きを決めるための乱数 r_θ を発生させ、これに 2π を掛けると、針の傾き $\theta = 2\pi r_\theta$ が決まる。

③ 針の長さを a とすると、針の他端 B の高さ方向位置は式 (10.12) で与えられる。

$$y_B = y_A + a \sin(2\pi r_y) \tag{10.12}$$

④ $y_B \geq h$、あるいは $y_B \leq 0$ であれば、平行線と針が交わった、と判定する。

この考え方に基づいて作成したプログラムを付録に示す。

例題 10.6 平行線間隔 h、針の長さ a、針を落とす回数 N を種々変えて付録に示すプログラムを実行せよ。

【解答】 試技1回ごとの結果が○（交わった場合）、×（交わらなかった場合）で表示される。
また、$a \leq h$ のときは、π の近似値が

APPROXIMATE VALUE OF PI ＝ ＊．＊＊＊

> **コーヒーブレイク**
>
> **モンテカルロ法の名前の由来**
>
> モンテカルロというのは、フランスの南東隅にあるモナコ公国の観光・保養地の名前であり、現在では毎年1月に開催されるラリーで有名であるが、それとともに 1862 年に開設された公営賭博場（カジノ）があることで有名である。
>
> 「モンテカルロ法」という名称は、乱数を利用して数学の問題を解くことと、カジノで行われるサイコロを用いた賭け勝負との類似性から付けられたものである。
>
> この手法は、1940 年代半ばにノイマン（J. von Neumann, 1903～1957）によって提案され、彼は原子炉の設計において、中性子が炉壁に侵入する様子を乱数を使ってコンピュータ上でシミュレーションし、それによって炉壁の厚さを決定した、といわれている。

として出力される．　ただし，$a>h$のときは，式（10.10）ではπの近似値が求められないため，上のような表示を行わず，〔交わった回数〕÷〔針を落とした(試技)回数〕のみがRATIO＝＊＊＊＊として表示されるようになっている．

例えば，$h=20$，$a=15$，$N=200$，IRAN＝1133557とした場合の結果はつぎのとおりである． ◇

```
XXXOXXOXXXXOXXOXOXOXXOXXOXOXOOOOOOOXXXOOXOOXXXOOXX
XXXOXXXXOXXXXOOXXXOXOXOXXOXOOXXOOOOOXOXXOXXOXOXOX
OOOXOXXXXOXXXXOXOOOXOOOOXOXXXOXXXXOOXXOOXXOOXXOXXX
OOOOXOOXOOOXXOXOOXXXOXXXXXXXXXOOOOXXOOOOOOXOOOXXO
      * * RESULTS OF SIMULATION * *
         RATIO=   .460
         APPROXIMATE VALUE OF PI=   3.261
```

10.3　有限要素法の概要

構造や熱・流れなど多くの工学問題の解を得るためには，通常その現象を支配している支配方程式（一般に偏微分方程式で表される）を境界条件，初期条件のもとで解く必要がある．

しかしながら，具体的な問題になればなるほど，解析対象とするものの形が複雑であったり，境界条件が複雑であったりして，十分な精度で解を得ることが困難になる．

そのような場合，なんらかの数値解析法を用いる必要があるが，有限要素法はそのなかで最も汎用性が高く，幅広く使われている手法である．

したがって，有限要素法がその真価を発揮するのは，二次元問題や三次元問題に対してであるが，ここでは，簡単のために例として一次元定常熱伝導問題（one-dimensional steady state heat conduction problem）を取り上げて，有限要素解析の流れを示すことにしよう．

〔**1**〕　**一次元定常熱伝導問題の条件設定**　　つぎのような一次元の微分方程式の**境界値問題**（boundary value problem）を考える．

・支配方程式：$\lambda \dfrac{d^2 T}{dx^2} + Q = 0$　　$(0 < x < L)$ 　　　　　　　　　　(10.13)

10.3 有限要素法の概要

・境 界 条 件： $T=a$ （$x=0$ で） (10.14)

$$\frac{dT}{dx}=b \quad (x=L\ \text{で}) \tag{10.15}$$

これらの式は，単位体積当り Q という内部発熱を伴い，境界での温度と熱勾配（熱流）が規定されている一次元の棒内の定常的な熱の流れを表している（図 **10.4**）。 λ は**熱伝導率**（thermal conductivity）であり，未知量は温度分布 $T=T(x)$ である。

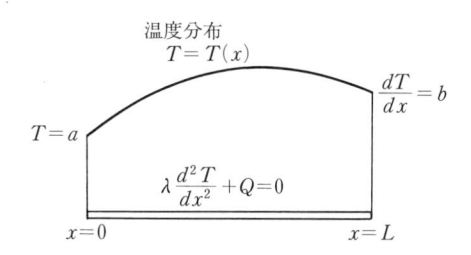

図 **10.4**　一次元定常熱伝導問題

〔2〕 **重み付き残差法**　T が正解であれば式（10.13）は厳密に成り立つが，近似解であると完全に 0 にはならず，**残差**（residual） R を伴う。

重み付き残差法（method of weighted residual）は近似解を得るための手法の一つであり，未知関数 T を既知の関数列 N_j（$j=1, \cdots, n$）を使って

$$T_*=\sum_{j=1}^{n} a_j N_j \tag{10.16}$$

の形で近似し，その結果として生じる残差 R に**重み関数**（weighting function） w_i（$i=1, \cdots, n$）を掛けたものが全体で平均的に 0 になるように，係数 a_j を決定する。すなわち

$$\int_0^L w_i R dx = \int_0^L w_i \left(\lambda \frac{d^2 T_*}{dx^2}+Q\right)dx=0 \quad (i=1, \cdots, n) \tag{10.17}$$

となるように係数 a_j を決定する。

w_i として n 個の異なる関数を用いると，式（10.17）は n 元連立一次方程式となって，a_j を決定することができる。

重み関数として種々のものが提案されているが，$w_i=N_i$ とする解法を**ガラーキン法**（Galerkin method）といい，有限要素解析のための定式化（formulation）によく用いられているので，この方法で話を進めることにする。

〔3〕 **ガラーキン法による有限要素法** 重み付き残差法では，対象とする領域全体を式（10.16）のような関数で近似するが，有限要素法では領域をいくつかの**要素**（element）に分割し，そのそれぞれに対して関数を定めて近似する点に特徴があるといえる。

話をより具体的に進めるために，式（10.13）～（10.15）において

$$\lambda=1, \quad a=1, \quad b=1, \quad L=4, \quad Q=1 \qquad (10.18)$$

とし，$0 \leqq x \leqq 4$ の範囲を四つの要素（1）～（4）に等分割する〔図 **10.5**（a）〕。なお，図において，1～5 は要素の端点，すなわち**節点**（node）の番号を表す。

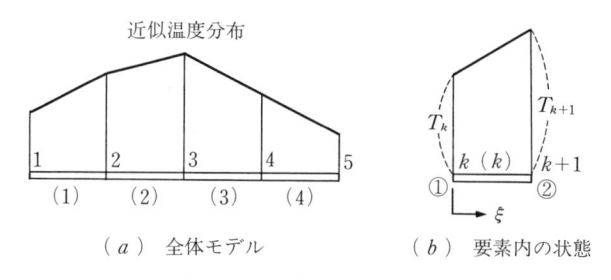

図 10.5 有限要素モデル

（a） 全体モデル　　（b） 要素内の状態

ここで，任意の要素（k）を取り出して，その性質をつぎのように定める〔図（b）〕。

1） 要素の節点を①，②とする（これらは全体系の節点番号 k と $k+1$ に対応する。
2） 要素としての座標 ξ を定め，節点①で $\xi=0$，節点②で $\xi=1$ とする。
3） 要素内で温度は直線変化するものとする。すると，要素内任意点における温度は

$$T = T_k(1-\xi) + T_{k+1}\xi \qquad (10.19)$$

で表されることになる。

式（10.19）の T は式（10.17）の T_* に相当した量であり，$1-\xi$ と ξ がそれぞれ N_1，N_2 に（したがって，ガラーキン法では重み関数 w_1，w_2 に）

対応する。また，T_k，T_{k+1} が決定されるべき未知量ということになる。

つぎに式（10.18）の数値を式（10.17）に代入したうえで要素ごとの積分に置き換え，変形を加える。k 番目の要素では $x=k-1+\xi$，$dx=d\xi$ だから

$$\int_0^4 w_i \left(\frac{d^2 T_*}{dx^2}+1\right) dx = \sum_{k=1}^4 \int_0^1 \left(w_i \frac{d^2 T}{d\xi^2}+w_i\right) d\xi$$

$$= \sum_{k=1}^4 \left(\left[w_i \frac{dT}{d\xi}\right]_0^1 - \int_0^1 \left(\frac{dT}{d\xi}\frac{dw_i}{d\xi} - w_i\right) d\xi\right)$$

$$= \sum_{k=1}^4 \left\{\left(w_i \frac{dT}{d\xi}\right)_{\xi=1} - \left(w_i \frac{dT}{d\xi}\right)_{\xi=0} - \int_0^1 \frac{dT}{d\xi}\frac{dw_i}{d\xi} d\xi\right\} + \sum_{k=1}^4 \int_0^1 w_i d\xi = 0$$

$$(10.20)$$

ここで，1行目から2行目へは部分積分を使って変形している。したがって

$$\sum_{k=1}^4 \int_0^1 \frac{dT}{d\xi}\frac{dw_i}{d\xi} d\xi = \sum_{k=1}^4 \left\{\int_0^1 w_i d\xi + \left(w_i \frac{dT}{d\xi}\right)_{\xi=1} - \left(w_i \frac{dT}{d\xi}\right)_{\xi=0}\right\}$$

$$(i=1,\ 2) \hspace{5cm} (10.21)$$

重み関数 $w_1=(N_1=)1-\xi$，$w_2=(N_2=)\xi$ は一つの要素のなかで設定されるものであり，他の要素にまでは影響を及ぼさないので，他の要素の積分項は 0 になる。また，T は式（10.19）で与えられる。

これらのことに注意して，各要素に対して式（10.21）を計算すると

1）要素 1（$k=1$）では

① $i=1$ に対して

$$\int_0^1 \frac{dT}{d\xi}\frac{dw_1}{d\xi} d\xi = \int_0^1 (T_2-T_1)(-1) d\xi = T_1-T_2,$$

$$\int_0^1 w_1 d\xi = \int_0^1 (1-\xi) d\xi = \frac{1}{2}$$

$$-\left(w_1 \frac{dT}{d\xi}\right)_{\xi=0} = -\left((1-\xi)\frac{dT}{d\xi}\right)_{\xi=0}$$

$$= -\left(\frac{dT}{d\xi}\right)_{\xi=0} = (-q_{11} \text{ とおく。これは未知量である})$$

$$\left(w_1 \frac{dT}{d\xi}\right)_{\xi=1} = \left((1-\xi)\frac{dT}{d\xi}\right)_{\xi=1} = 0$$

② $i=2$ に対して

$$\int_0^1 \frac{dT}{d\xi}\frac{dw_2}{d\xi}d\xi = \int_0^1 (T_2-T_1)\times 1 d\xi = T_2-T_1,$$

$$\int_0^1 w_2 d\xi = \int_0^1 \xi d\xi = \frac{1}{2}, \quad -\left(w_2\frac{dT}{d\xi}\right)_{\xi=0} = -\left(\xi\frac{dT}{d\xi}\right)_{\xi=0} = 0$$

$$\left(w_2\frac{dT}{d\xi}\right)_{\xi=1} = \left(\xi\frac{dT}{d\xi}\right)_{\xi=1}$$

$$= \left(\frac{dT}{d\xi}\right)_{\xi=1} = (q_{12} \text{ とおく。これも未知量である)}$$

したがって，これらをまとめると

$$\begin{bmatrix} 1 & -1 \\ -1 & 1 \end{bmatrix}\begin{Bmatrix} T_1 \\ T_2 \end{Bmatrix} = \begin{Bmatrix} 1/2-q_{11} \\ 1/2+q_{12} \end{Bmatrix} \quad (10.22)$$

2) 同様にして，$k=2, 3$ に対してはそれぞれつぎのようになる。

要素2($k=2$) では $\begin{bmatrix} 1 & -1 \\ -1 & 1 \end{bmatrix}\begin{Bmatrix} T_2 \\ T_3 \end{Bmatrix} = \begin{Bmatrix} 1/2-q_{21} \\ 1/2+q_{22} \end{Bmatrix}$ (10.23)

要素3($k=3$) では $\begin{bmatrix} 1 & -1 \\ -1 & 1 \end{bmatrix}\begin{Bmatrix} T_3 \\ T_4 \end{Bmatrix} = \begin{Bmatrix} 1/2-q_{31} \\ 1/2+q_{32} \end{Bmatrix}$ (10.24)

3) $k=4$ のときは，式 (10.21) の右辺の $(w_i dT/d\xi)_{\xi=1}$ が既知であることに注意する必要がある。すなわち，$k=4, \xi=1$ (右端) では $dT/d\xi = dT/dx = 1$ だから

$$\left(w_1\frac{dT}{d\xi}\right)_{\xi=1} = \{(1-\xi)\times 1\}_{\xi=1} = 0, \quad \left(w_2\frac{dT}{d\xi}\right)_{\xi=1} = 1$$

したがって

要素4($k=4$) では $\begin{bmatrix} 1 & -1 \\ -1 & 1 \end{bmatrix}\begin{Bmatrix} T_4 \\ T_5 \end{Bmatrix} = \begin{Bmatrix} 1/2-q_{41} \\ 1/2+1 \end{Bmatrix} = \begin{Bmatrix} 1/2-q_{41} \\ 3/2 \end{Bmatrix}$ (10.25)

四つの要素に対して得られた式 $(10.22) \sim (10.25)$ をマトリクス的に加え合わせると

$$\begin{bmatrix} 1 & -1 & 0 & 0 & 0 \\ -1 & 1+1 & -1 & 0 & 0 \\ 0 & -1 & 1+1 & -1 & 0 \\ 0 & 0 & -1 & 1+1 & -1 \\ 0 & 0 & 0 & -1 & 1 \end{bmatrix} \begin{Bmatrix} T_1 \\ T_2 \\ T_3 \\ T_4 \\ T_5 \end{Bmatrix} = \begin{Bmatrix} 1/2 - q_{11} \\ 1/2 + q_{12} + 1/2 - q_{21} \\ 1/2 + q_{22} + 1/2 - q_{31} \\ 1/2 + q_{32} + 1/2 - q_{41} \\ 3/2 \end{Bmatrix} \quad (10.26)$$

節点2〜4（2〜4行目）は二つの要素に共有されているので，係数マトリクスと右辺のベクトルは，二つの要素からの寄与分が加え合わされた形になっていることに注意されたい。

ここで，$T_1=1$ であり，また節点の両側で q の値は等しい（$q_{12}=q_{21}$ など）ことに注意すると

$$\begin{bmatrix} 1 & -1 & 0 & 0 & 0 \\ -1 & 1+1 & -1 & 0 & 0 \\ 0 & -1 & 1+1 & -1 & 0 \\ 0 & 0 & -1 & 1+1 & -1 \\ 0 & 0 & 0 & -1 & 1 \end{bmatrix} \begin{Bmatrix} 1 \\ T_2 \\ T_3 \\ T_4 \\ T_5 \end{Bmatrix} = \begin{Bmatrix} q_1 \\ 1 \\ 1 \\ 1 \\ 3/2 \end{Bmatrix} \quad (10.27)$$

なお，$q_1=1/2-q_{11}$（未知量）である。

式（10.27）は五元連立方程式なので，これを解いて5個の未知量 T_2〜T_5，q_1 を求めることができる。

ただ，本来未知量であるべき節点温度のうち T_1 が既知であり，そのかわり，対応する右辺のベクトル成分が未知量（q_1）であるので，**6**章で示した連立方程式の解法はそのままでは適用できない。

そこで，第1行から $T_1=1$ という情報が得られるように

① 第1行の対角項を1とし，それ以外の成分をすべて0にする

② 右辺の値を $T_1(=1)$ にする

という処理を行えばよい。すなわち

$$\begin{bmatrix} 1 & 0 & 0 & 0 & 0 \\ -1 & 2 & -1 & 0 & 0 \\ 0 & -1 & 2 & -1 & 0 \\ 0 & 0 & -1 & 2 & -1 \\ 0 & 0 & 0 & -1 & 1 \end{bmatrix} \begin{Bmatrix} T_1 \\ T_2 \\ T_3 \\ T_4 \\ T_5 \end{Bmatrix} = \begin{Bmatrix} 1 \\ 1 \\ 1 \\ 1 \\ 3/2 \end{Bmatrix} \qquad (10.28)$$

この連立方程式を，例えば付録に示すガウスの消去法プログラムで解くと

$$(T_1=1) \quad T_2=5.5, \quad T_3=9, \quad T_4=11.5, \quad T_5=13 \qquad (10.29)$$

が得られる。

式 (10.13) 〜 (10.15) の境界値問題を，式 (10.18) で与えた具体的な数値のもとで解くと

$$T = -\frac{x^2}{2} + 5x + 1 \qquad (10.30)$$

であるので，有限要素法で求めた節点温度の値 (10.29) は正解と完全に一致していることになる。

以上，ここでは理解しやすいように一次元問題のみについて解説したが，先に述べたように，有限要素法を適用して効果が著しいのは二次元問題や三次元問題の場合である。

現在，有限要素法に関する解説書は数多く市販されており，名著も多い。また，有限要素解析プログラムのソースリストを掲載した参考書もある。有限要素法に興味のある読者はそれらの参考書を勉強されるとよい。著者の手もとにある解説書のうち，巻末の参考文献として数冊のみを選んで紹介した。

10.4 その他の数値解析手法

10.3 節では現在，数値解析手法の主流となっている有限要素法の概要について述べたが，本節ではその他の数値解析手法のなかで代表的な手法である**差分法**と**境界要素法**の基本的な考え方，および特徴などについてごくかいつまんで紹介する。

〔**1**〕 **差 分 法** 関数 $y=f(x)$ の $x=a$ における**微分係数**（differential coefficient）は，近似的に式 (*10.31*) で示すことができる（図 **10.6**）。

$$f'(a) = \left(\frac{dy}{dx}\right)_{x=a} \fallingdotseq \frac{y_1-y_0}{h} = \frac{\Delta y_0}{h} \qquad (10.31)$$

式 (*10.31*) は**第1階差分**（first difference）と呼ばれる。さらに

$$f''(a) = \left(\frac{d^2y}{dx^2}\right)_{x=a} = \left(\frac{d}{dx}\left(\frac{dy}{dx}\right)\right)_{x=a}$$

$$\fallingdotseq \frac{\Delta y_1/h - \Delta y_0/h}{h} = \frac{\Delta y_1 - \Delta y_0}{h^2} = \frac{y_0 - 2y_1 + y_2}{h^2} = \frac{\Delta^2 y_0}{h^2} \qquad (10.32)$$

を**第2階差分**（second difference）という。ここで

$$\Delta y_0 = y_1 - y_0, \quad \Delta y_1 = y_2 - y_1, \quad \Delta^2 y_0 = \Delta y_1 - \Delta y_0 \qquad (10.33)$$

である。

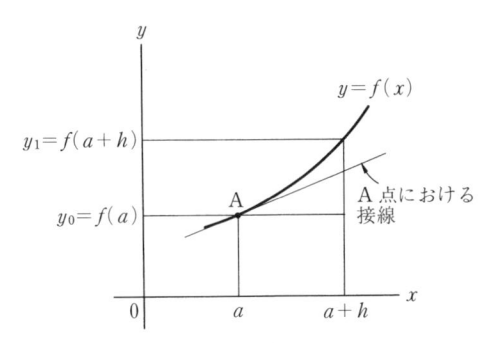

図 **10.6** $x=a$ における微分係数

この考え方は2変数関数 $u=f(x, y)$ の場合にも適用できる。$x=x_i$，$y=y_i$ に対する u の値を $u_{i,j}=f(x_i, y_j)$ とし，点 (x_i, y_j) を通り一定間隔 h の微小格子を考えると（図 **10.7**），式 (*10.34*) のようになる。

$$\left.\begin{array}{l}\left(\dfrac{\partial u}{\partial x}\right)_{i,j} \fallingdotseq \dfrac{u_{i+1,j}-u_{i-1,j}}{2h}, \quad \left(\dfrac{\partial u}{\partial y}\right)_{i,j} \fallingdotseq \dfrac{u_{i,j+1}-u_{i,j-1}}{2h} \\[2mm] \left(\dfrac{\partial^2 u}{\partial x^2}\right)_{i,j} \fallingdotseq \dfrac{u_{i+1,j}-2u_{i,j}+u_{i-1,j}}{h^2}, \quad \left(\dfrac{\partial^2 u}{\partial y^2}\right)_{i,j} \fallingdotseq \dfrac{u_{i,j+1}-2u_{i,j}+u_{i,j-1}}{h^2}\end{array}\right\}$$

$$(10.34)$$

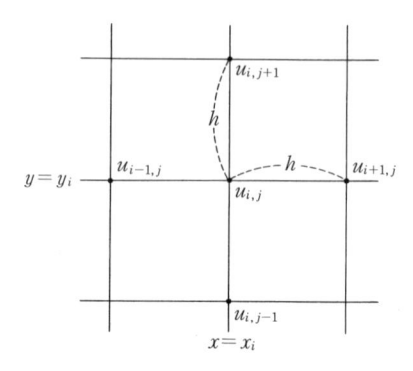

図 10.7 正方格子点における変数の値

そこで，例えば工学問題でよく見られる**ラプラス方程式**(Laplace's equation)

$$\frac{\partial^2 u}{\partial x^2} + \frac{\partial^2 u}{\partial y^2} = 0 \qquad (10.35)$$

を式（10.34）を使って差分表示すると

$$u_{i,j} = \frac{u_{i+1,j} + u_{i-1,j} + u_{i,j+1} + u_{i,j-1}}{4} \qquad (10.36)$$

となり，これは $u_{i,j}$ の値がまわりの四点の平均値で求められることを示す。

この式（10.36）は**差分方程式**（difference equation）と呼ばれる。各格子点に対してこの式が成り立つので，これを境界条件のもとで解けば近似解が得られることになる。

例題 10.7 周囲の格子点の値が与えられている図 10.8 の差分モデルに対して，ラプラス方程式を解け（内部格子点での u_1〜u_4 の値を求めよ）。

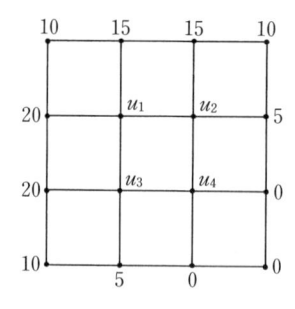

図 10.8 差分モデル

【解答】 この問題は，周囲の温度が与えられて熱的定常状態にある正方形板の内部温度を求める問題であると考えることができる。

格子点 1〜4 に対して，式 (10.36) を適用すると

$4u_1 = u_2 + 20 + 15 + u_3$,　$4u_2 = 5 + u_1 + 15 + u_4$
$4u_3 = u_4 + 20 + u_1 + 5$,　$4u_4 = 0 + u_3 + u_2 + 0$

この四元連立一次方程式を解くと

$u_1 = 13.96$,　$u_2 = 9.79$,　$u_3 = 11.04$,　$u_4 = 5.21$

となる。　◇

実際の工学問題では，一般に格子の数がきわめて多いため，手作業で解を求めるのは困難であり，連立一次方程式の解法を使ってコンピュータ処理する必要がある。

なお，差分法の場合，不規則格子に対しても差分方程式を立てることができるが，通常は**規則格子**が用いられており，そのためにモデル化の自由度が有限要素法に比べて低い，という欠点がある。

〔**2**〕 **境界要素法**　　有限要素法が解析モデル全体を要素分割するのに対して，**境界要素法**では原則として解析モデルの境界のみを要素分割すればよく，扱いが簡単であるというのが，最大の利点であるといえる。

境界要素法の第 1 ステップは，微分方程式の形で表された境界値問題をモデルの境界上における**積分方程式** (integral equation) に変換することであるが，このような考え方は比較的古くから知られており，**(境界) 積分方程式法**などと呼ばれて利用されてきた。

有限要素法と同様，離散化手法を用い，モデル境界をいくつかの**境界要素** (boundary element) に分割して，積分方程式を数値的に解くようにした手法が境界要素法である，といえる。

境界要素法の特徴を述べると以下のとおりである。

① 解析モデルの境界のみを要素分割すればよいので，有限要素法に比べてデータ量が少なくなる。

② 特に**無限領域問題**（例えば，無限板内の穴まわりの応力集中やトンネル

にかかる土圧の解析）に威力を発揮する。

③ 物性や作用力が内部において均一でない場合には，領域内も要素分割する必要があり，境界要素法としてのメリットが減る。

④ **特異積分**（improper integral）や角張った点の処理などのため，プログラムの流れは有限要素法よりも複雑になり，より高度な数学的知識が必要となる。

⑤ 解くべき連立一次方程式の係数マトリクスが非対称であり，しかも**フルマトリクス**（すべての要素の値が非ゼロであるマトリクス）であるため，規模の大きな問題では解くのに時間がかかる。

⑥ 境界要素解析においては，「**基本解**（fundamental solution）」を求めることが不可欠であるが，これが問題によって異なり，求めることが困難な問題もある。

ここで，「基本解」というのは，弾性問題では"無限体内に単位の大きさの集中荷重が作用する問題の解"，流体問題，熱問題においてはそれぞれ"単位の大きさのわき出し，単位の大きさの熱源に対する解"のことである。

最後に，同じ解析モデルに対する要素分割の例を有限要素法と比較して**図10.9**に示す。

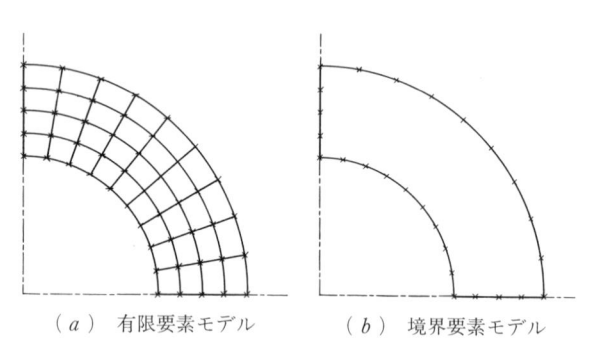

（a）有限要素モデル　　（b）境界要素モデル

図 10.9 要素分割図の比較（厚肉円筒の 1/4 モデル）

演 習 問 題

- 【1】 付録に示すサブルーチン RND を使って乱数 r_i を N 回発生させ，そのうち $0.2 \leq r_i \leq 0.3$ を満たす場合の数を n とする。N をいろいろ変化させ，$n/N \fallingdotseq 0.1$ となることを確かめよ。

- 【2】 式 (10.4) の考え方を使って，つぎの定積分を求めよ。
  （1） $I = \int_0^2 \sqrt{4-x^2}\, dx$ （2） $I = \int_0^{\pi/2} \sin^3 x\, dx$

- 【3】 式 (10.6) の考え方を使って，問題【2】と同じ問題を解け。

- 【4】 式 (10.8) の考え方を使って，つぎの二重積分を求めよ。
  $$I = \int_1^2 \int_1^2 \frac{1}{x^2 y}\, dxdy$$

- 【5】 ビュホンの針の問題において，針の長さのほうが平行線間隔より長い場合，π の近似値を求める式はどのようになるか。

- 【6】 問題【5】で得られた式を付録のプログラムに組み込み，針の長さ≧平行線間隔の場合にも π の近似値が計算されるようにせよ。

- 【7】 図 10.5 の有限要素モデルにおいて，節点 5（$x=4$）における条件を $T=2$ とすると，解はどのように変化するか。

付録　プログラムリスト

〔**1**〕　**標準的な連立一次方程式の解法**（ガウスの消去法）

（1）**概　要**　式 (6.5), (6.6) に基づく基本的なガウスの消去法のサブルーチン LSEQ 0 と，それの実行に必要なインプットデータの読込み，結果のアウトプットを行わせるメインプログラムを示したものである．10元までの連立方程式を解くことができる．

（2）**インプットデータ**（プログラムリストのなかの ① ～ ③ の部分）
  ① 未知数の数 NN を読む
  ② 係数マトリクスの各要素の値を1行ずつ読む（フォーマットに注意）
  ③ 右辺の定数ベクトルの値を読む

（3）**アウトプット**　解 $\{x\}$ は引数 X としてメインプログラムに引き渡され，その値が出力される．

（4）**プログラムリスト**

```
      DIMENSION A(10,10),B(10),X(10)
      DOUBLE PRECISION A,B,X
      DO 10 II=1,10
      DO 10 JJ=1,10
      A(II,JJ)=0.
   10 CONTINUE
      READ(5,100) NN       …①
  100 FORMAT(I5)
      DO 20 I=1,NN
      READ(5,110) (A(I,J),J=1,NN)   …②
   20 CONTINUE
      READ(5,110) (B(I),I=1,NN)     …③
  110 FORMAT(10F7.3)
C*
      CALL LSEQ0(A,B,X,NN,10)
C*
      WRITE(6,120) (I,X(I),I=1,NN)
  120 FORMAT(5X,2HX(,I3,2H)=,D13.5)
      STOP
      END
C*
```

```
      SUBROUTINE LSEQ0(A,B,X,N,M)
      DIMENSION A(M,M),B(M),X(M)
      DOUBLE PRECISION A,B,X
C
      NM1=N-1
      DO 1 K=1,NM1
      KP1=K+1
      DO 2 J=KP1,N
    2 A(K,J)=A(K,J)/A(K,K)
      B(K)=B(K)/A(K,K)
      DO 3 I=KP1,N
      DO 4 J=KP1,N
    4 A(I,J)=A(I,J)-A(I,K)*A(K,J)
      B(I)=B(I)-A(I,K)*B(K)
    3 CONTINUE
    1 CONTINUE
C
      X(N)=B(N)/A(N,N)
      DO 5 K=1,NM1
      L=N-K
      LP1=L+1
      X(L)=B(L)
      DO 6 J=LP1,N
    6 X(L)=X(L)-A(L,J)*X(J)
    5 CONTINUE
      RETURN
      END
```

〔**2**〕 部分ピボット選択を行うガウスの消去法のサブプログラム

(1) 概　要　ピボット a_{ii} の絶対値，およびそれと同じ列にあるピボットより下の各要素 a_{ji} ($j=i+1, \cdots, n$) の絶対値を比較し，そのうち最大のものがピボットにくるように行の置換えを行いながら，ガウスの消去法を実行するサブルーチンである。

前述の〔**1**〕のサブルーチンでは，対角要素が0になってしまって解くことができない連立方程式をおおむね良好に解くことができる。引数などは〔**1**〕とまったく同じである。以下ではサブルーチンのみを示す。

(2) プログラムリスト

```
      SUBROUTINE LSEQPP(A,B,X,N,M)
      DIMENSION A(M,M),B(M),X(M)
      DOUBLE PRECISION A,B,X,AKK,AII,TEMP
C
```

```
      NM1=N-1
      DO 1 K=1,NM1
C**
      IMAX=0
      AKK=DABS(A(K,K))
      KP1=K+1
      DO 10 II=KP1,N

      AII=DABS(A(II,K))
      IF(AKK.GE.AII) GO TO 10
      AKK=AII
      IMAX=II
   10 CONTINUE
C**
      IF(IMAX.EQ.0) GO TO 30
      DO 20 JJ=K,N
      TEMP=A(K,JJ)
      A(K,JJ)=A(IMAX,JJ)
      A(IMAX,JJ)=TEMP
   20 CONTINUE
      TEMP=B(K)
      B(K)=B(IMAX)
      B(IMAX)=TEMP
C**
   30 CONTINUE
      DO 2 J=KP1,N
    2 A(K,J)=A(K,J)/A(K,K)
      B(K)=B(K)/A(K,K)
      DO 3 I=KP1,N
      DO 4 J=KP1,N
    4 A(I,J)=A(I,J)-A(I,K)*A(K,J)
      B(I)=B(I)-A(I,K)*B(K)
    3 CONTINUE

    1 CONTINUE
C
      X(N)=B(N)/A(N,N)
      DO 5 K=1,NM1
      L=N-K
      LP1=L+1
      X(L)=B(L)
      DO 6 J=LP1,N
    6 X(L)=X(L)-A(L,J)*X(J)
    5 CONTINUE
      RETURN
      END
```

〔3〕 多項式近似による最小二乗法のプログラム

(1) 概　要　　測定データを最小二乗法により，多項式で近似するプログラム

(2) インプットデータ（プログラムリストのなかの①，②の部分）

② NX は多項式の次数である．直線近似の場合1を入れる．ただし，$y = a_1 x$ で近似する場合は 0 を入力する．NDATA はデータ組み数である．

③ NDATA 個のデータ x を行番号 110 のフォーマットで入力し，行を変えて同様に NDATA 個のデータ y を入力する．

(3) アウトプット　　出力は絞ってあり，多項式の係数 a_0, a_1, …, a_n のみがアウトプットされる．

(4) プログラムリスト

```
      DIMENSION A(11,11),B(11),X(11),DATAX(30),DATAY(30),SUM(21)
      DOUBLE PRECISION A,B,X,SUM,DATAX,DATAY
      DO 20 II=1,11
      DO 20 JJ=1,11
      A(II,JJ)=0.
   20 CONTINUE
      READ(5,100) NX,NDATA        …①
  100 FORMAT(2I5)
      NPOLY=NX
      IF(NX.EQ.0) NPOLY=1
      READ(5,110) (DATAX(I),I=1,NDATA)⎫
      READ(5,110) (DATAY(I),I=1,NDATA)⎬  …②
  110 FORMAT(5F10.3)                    ⎭
C**
      NP2=2*NPOLY
      DO 120 II=1,NP2+1
      SUM(II)=0.
  120 CONTINUE
C
      DO 130 II=1,NDATA
      DAX=DATAX(II)
      DAS=1.
      DO 140 JJ=1,NP2
      DAS=DAS*DAX
      SUM(JJ+1)=SUM(JJ+1)+DAS
  140 CONTINUE
  130 CONTINUE
      SUM(1)=DFLOAT(NDATA)
C*
      DO 150 II=1,NPOLY+1
      DO 150 JJ=1,NPOLY+1
      IF(II.NE.1.OR.JJ.NE.1) GO TO 155
```

```
      A(II,JJ)=SUM(1)
  155 A(II,JJ)=SUM(II+JJ-1)
  150 CONTINUE
C*
      DO 180 II=1,NPOLY+1
      B(II)=0.
  180 CONTINUE
      DO 160 II=1,NDATA
      DAX=DATAX(II)
      DAY=DATAY(II)
      B(1)=B(1)+DAY
      DO 170 JJ=1,NPOLY
      DAY=DAY*DAX
      B(JJ+1)=B(JJ+1)+DAY
  170 CONTINUE
  160 CONTINUE
C
      IF(NX.NE.0) GO TO 190
      A1=B(2)/A(2,2)
      WRITE(6,210) A1
  210 FORMAT(5X,7H(   A1)=,2X,E13.5)
      GO TO 999
  190 NP1=NPOLY+1
      CALL LSEQ0(A,B,X,NP1,11)
      WRITE(6,220) (I-1,X(I),I=1,NPOLY+1)
  220 FORMAT(5X,2HA(,I3,2H)=,2X,D13.5)
  999 STOP
      END
```

〈この後に連立一次方程式を解くサブルーチン LSEQ 0 を付ける〉

〔**4**〕 乱数発生サブプログラム

（1） 概　要　　乗算合同法によって擬似乱数を発生させるサブルーチン

（2） 引　数　　乱数発生の引き金となる整数 IX を与え，区間 [0, 1] に一様に分布する乱数 YFL を受け取る。IX は 2147483648 より小さい正の奇数である。

（3） プログラムリスト

```
      SUBROUTINE RND(IX,IY,YFL)
      IY=IX*65539
      IF(IY.GE.0) GO TO 2
      IY=IY+2147483647+1
    2 YFL=IY
      YFL=YFL*.4656613E-9
      IX=IY
```

```
      RETURN
      END
```

〔5〕 ビュホンの針のシミュレーション

（1） 概　要　　**10.2**節〔3〕に示した「ビュホンの針の問題」のシミュレーションプログラムである．実行に際しては，後ろに上記サブプログラム RND を付ける必要がある．

（2） インプットデータ（プログラムリストのなかの ① の部分）

　　NUM：針を落とす回数（≦2 000）
　　IRAN：前述の〔4〕における IX
　　DIST：平行線間隔
　　XLEN：針の長さ

（3） アウトプット

　　・ NUM 回の試技の結果を，平行線と針が交わった場合 "○"，交わらなかった場合 "×" でまず表示する．
　　・ ** RESULTS OF SIMULATION **の見出しの後ろに
　　　"RATIO"（交わった回数÷試技回数），および π の近似値 "API" を出力する（ただし，XLEN≦DIST の場合のみ）．

（4） プログラムリスト

```
      C** BUFFON'S NEEDLE PROBLEM
            CHARACTER A(2000)*1
            PI=3.141593
      C*
            READ(6,100) NUM,IRAN,DIST,XLEN … ①
        100 FORMAT(I5,I10,2F10.0)
            DO 10 I=1,2000
            A(I)='·'
         10 CONTINUE
      C*
            IC=0
            DO 20 I=1,NUM
            CALL RND(IRAN,IY,YFL)
            Y1=YFL*DIST
            CALL RND(IRAN,IY,YFL)
            THET=2.*PI*YFL
            Y2=Y1+XLEN*SIN(THET)
            IF(Y2.LT.DIST.AND.Y2.GT.0.)   GO TO 30
```

```
            IC=IC+1
            A(I)='O'
            GO TO 20
         30 A(I)='X'
         20 CONTINUE
            RATIO=FLOAT(IC)/FLOAT(NUM)
            API=XLEN/DIST*2./RATIO
      C*
            WRITE(6,40) (A(I),I=1,NUM)
         40 FORMAT(5X,50A1)
            WRITE(6,50)
         50 FORMAT(/5X,27H** RESULTS OF SIMULATION **/)
            WRITE(6,60) RATIO
         60 FORMAT(5X,'RATIO=',F10.3)
            IF(XLEN.GT.DIST) GO TO 80
            WRITE(6,70) API
         70 FORMAT(5X,24HAPPROXIMATE VALUE OF PI=,F10.3)
         80 CONTINUE
            STOP
            END
```

〔6〕 スプライン関数による補間プログラム

（1） 概 要　　与えられた点 (x_i, y_i) をすべて通る曲線をスプライン関数によって決定し、その結果を使って任意の x の値に対する y の値を推定する。

（2） インプットデータ（プログラムリストのなかの①～③の部分。フリーフォーマットで読む）

　　N：データとして与える (x, y) の組み数（≦30）

　　$X(I),\ Y(I)$：$x_i,\ y_i$ の値を1行に一組みずつ N 組み分打ち込む

　　XX：y の値を求めたい点の x 座標

（3） アウトプット　　与えた x の値とそれに対する y の値が出力される。

（4） プログラムリスト

```
      C** CURVE FITTING BY A SPLINE FUNCTION
      C    BY T.SATO 2001.2.10
            DIMENSION X(30),Y(30)
            READ(5,*) N           …①
            DO 20 I=1,N
         20 READ(5,*) X(I),Y(I)   …②
            READ(5,*) XX          …③
            WRITE(6,120) N
```

```
      DO 40 I=1,N
   40 WRITE(6,140) I,X(I),Y(I)
      CALL SPLINE(X,Y,N,XX,ANS,ISW)
      IF(ISW.EQ.0) WRITE(6,160)
      IF(ISW.EQ.1) WRITE(6,180) XX,ANS
      STOP
  120 FORMAT(5X,'N=',I3/'   I      X(I)      Y(I)')
  140 FORMAT(I4,2F10.6)
  160 FORMAT(/'PIVOT IS LITTLE OR N>30')
  180 FORMAT(/'X=',F10.6/'Y=',F10.6)
      END
C     INTERPOLATION BY SPLINE FUNCTION
      SUBROUTINE SPLINE(X,Y,N,XX,ANS,ISW)
      DIMENSION X(30),Y(30)
      DIMENSION A(30,31),H(30),AM(30),Z(30)
      EPS=1.E-20
      ISW=0
      IF(N.GT.30) THEN
        ISW=0
        RETURN
      ENDIF
      DO 20 I=2,N
   20 H(I)=X(I)-X(I-1)
      DO 40 I=1,N-2
      DO 40 J=1,N
   40 A(I,J)=0.
      A(1,2)=H(3)/6.
      A(N-2,N-3)=H(N)/6.
      DO 60 I=1,N-2
        A(I,I)=(H(I+1)+H(I+2))/3.
        A(I,N-1)=((Y(I+2)-Y(I+1))/H(I+2))-((Y(I+1)-Y(I))/H(I+1))
        IF(I.EQ.1.OR.I.EQ.N-2) GO TO 60
          A(I,I-1)=H(I+1)/6.
          A(I,I+1)=H(I+2)/6.
   60 CONTINUE
      CALL GAUSS(A,Z,N-2,EPS,ISW)
      IF(ISW.EQ.0) RETURN
      AM(1)=0.
      AM(N)=0.
      DO 80 I=1,N-2
   80 AM(I+1)=Z(I)
      DO 100 J=1,N
        IF(X(J).GT.XX.OR.XX.GE.X(J+1)) GO TO 100
        I=J
        GO TO 120
  100 CONTINUE
  120 SA=X(I+1)-XX
      SB=XX-X(I)
```

```
      SC=AM(I)*SA*(SA**2/H(I+1)-H(I+1))/6.
      SD=AM(I+1)*SB*(SB**2/H(I+1)-H(I+1))/6.
      ANS=SC+SD+(SA*Y(I)+SB*Y(I+1))/H(I+1)
      RETURN
      END

C THE NUMERICAL SOLUTION BY GAUSS'S METHOD
      SUBROUTINE GAUSS(A,X,N,EPS,IPIVOT)
      DIMENSION A(30,31),X(30)
      IPIVOT=1
      DO 100 M=1,N-1
        AMAX=ABS(A(M,M))
      IROW=M
      DO 20 I=M+1,N
        IF(AMAX.GE.ABS(A(I,M))) GO TO 20
        AMAX=ABS(A(I,M))
        IROW=I
   20 CONTINUE
      IF(AMAX.LE.EPS) THEN
        ISW=0
        RETURN
      ENDIF
      IF(M.EQ.IROW) GO TO 60
      DO 40 L=M,N+1
        SWAP=A(IROW,L)
        A(IROW,L)=A(M,L)
   40   A(M,L)=SWAP
   60 DO 80 I=M+1,N
        DO 80 J=N+1,1,-1
   80     A(I,J)=A(I,J)-A(I,M)*A(M,J)/A(M,M)
  100 CONTINUE
      IF(ABS(A(N,N)).LE.EPS) THEN
        ISW=0
        RETURN
      ENDIF
      X(N)=A(N,N+1)/A(N,N)
      DO 140 I=N-1,1,-1
        X(I)=0.
        DO 120 J=1,N-I
  120     X(I)=A(I,I+J)*X(I+J)+X(I)
  140 X(I)=(A(I,N+1)-X(I))/A(I,I)
      RETURN
      END
```

参 考 文 献

本書の執筆にあたって参考にしたおもな図書を以下に示す（順不同）。

1) 長嶋秀世：数値計算法（改訂2版），槇書店（1997）
2) 永坂秀子：計算機と数値解析—理工学基礎講座 6，朝倉書店（1980）
3) 戸川隼人：ザ・数値計算リテラシ，サイエンス社（1997）
4) 杉浦 洋：数値計算の基礎と応用—数値解析学への入門，サイエンス社（1997）
5) J. H. ウィルキンソン 著，一松 信，四条忠雄 訳：基本的演算における丸め誤差解析，培風館（1974）
6) 一松 信：数値解析（新数学講座 13），朝倉書店（1982）
7) 戸田英雄，小野令美：入門数値計算—チャートによる解説とプログラム，オーム社（1983）
8) 高橋大輔：数値計算—理工系の基礎数学 8，岩波書店（1996）
9) S. クオ 著，村越勝弘 訳：FORTRAN のための数値計算法，日本コンピュータ協会（1972）
10) 伊理正夫，藤野和建：数値計算の常識，共立出版（1985）
11) 森 正武，名取 亮，鳥居達生：数値計算—岩波講座情報科学 18，岩波書店（1982）
12) 佐藤次男，中村理一郎：機械系教科書シリーズ 7，問題解決のための C プログラミング，コロナ社（2000）
13) 玉手 統：機械工学のためのコンピュータの応用，森北出版（1975）
14) 中村理一郎，伊藤 惇，佐藤次男：FORTRAN 基礎編，森北出版（1992）
15) 佐藤次男，中村理一郎，伊藤 惇：C による理工学問題の解法，日刊工業新聞社（1994）
16) 近藤次郎：数学モデル—現象の数式化，丸善（1976）
17) P. J. Davis & P. Rabinowitz 著，森 正武 訳：計算機による数値積分法，日本コンピュータ協会（1980）
18) 中村理一郎，伊藤 惇，佐藤次男：FORTRAN 応用編—数値解法と理工学問題，森北出版（1992）
19) 戸川隼人：マトリックスの数値計算，オーム社（1971）

20) 山内二郎，森口繁一，一松　信：電子計算機のための数値計算法Ⅰ，培風館 (1965)
21) 森　正武：FORTRAN 77 数値計算プログラミング（岩波コンピュータサイエンス），岩波書店 (1987)
22) 有澤　誠，斉藤鉄也：モデルシミュレーション技法，共立出版 (1997)
23) T. H. ネイラー，J. L. バリンフィ，D. S. バーディック，K. チュー 著，水野幸男，小柳佳勇 訳：コンピュータシミュレーション，培風館 (1971)
24) 涌井良幸，涌井貞美：パソコンが解く確率の謎，誠文堂新光社 (1987)
25) 室津義定，大場史憲，米沢政昭，藤井　進：システム工学，森北出版 (1980)
26) 神谷紀生：有限要素法と境界要素法，サイエンス社 (1982)
27) 神谷紀生：境界要素法の基礎，培風館 (1982)
28) 日本機械学会編：計算力学ハンドブック（Ⅰ有限要素法，構造編），日本機械学会 (1998)
29) 矢川元基，吉村　忍：―計算力学とCAEシリーズ 1―有限要素法，培風館 (1991)
30) 矢川元基，半谷裕彦 編著：有限要素法の基礎（フロッピーディスク付き），朝倉書店 (1994)
31) O. C. Zienkiewicz, R. L. Taylor 共著，矢川元基（訳者代表）：マトリックス有限要素法Ⅰ，Ⅱ（改訂新版），科学技術出版社 (1996)
32) 日本機械学会編：熱と流れのコンピュータアナリシス，コロナ社 (1986)
33) 瀬口靖幸，北川　浩，冨田佳宏：有限要素法の基礎，日刊工業新聞社 (1983)
34) 日本機械学会編：機械工学事典，日本機械学会 (1997)
35) 日本数学会編：岩波数学辞典（第 2 版），岩波書店 (1980)
36) 一松　信，竹之内脩 編：新数学事典（改訂増補），大阪書籍 (1991)
37) 日本機械学会編：機械工学便覧A4 材料力学（新版），丸善 (1994)

演習問題解答

1 章

【1】（1） 1111111111_2, $3\,\text{FF}_{16}$ （2） 101101101.01_2, $16\,\text{D}.4_{16}$

【2】（1） $10011010010_2 = 2^{10}+2^7+2^6+2^4+2^1 = 1234$

（2） $10.10110111_2 = 2+2^{-1}+2^{-3}+2^{-4}+2^{-6}+2^{-7}+2^{-8} = 2.714\,9$（$e$ の近似値）

【3】（1） $173+205$
```
   0000000010101101₂
+) 0000000011001101₂
   0000000101111010₂ = 378
```

（2） $421-141$
```
   0000000110100101₂
+) 1111111101110011₂
±0000000100011000₂ = 280
```

【4】 有効けた数を 6 けたとすると
$$\sqrt{1+x}-1 = \sqrt{1.001}-1 \fallingdotseq 1.000\,50-1 = 0.000\,50$$
となり，著しいけた落ちを起こす。それに対して
$$\frac{x}{\sqrt{1+x}+1} = \frac{0.001}{\sqrt{1.001}+1} \fallingdotseq \frac{0.001}{2.000\,50} = 0.000\,499\,875$$
となる。

【5】 有効けた数を 6 けたとすると，$x = \pi/100$ のとき $\cos x = 0.999\,507$ だから，$1-\cos x = 0.000\,493$ となり，けた落ちを起こす。それに対して
$$\frac{\sin^2 x}{1+\cos x} = 2\sin^2\frac{x}{2} = 0.000\,493\,440$$
であり，けた落ちのない精度のよい結果となる。

【6】 倍精度で① $n=5$ まで計算すると，$\cos 2\pi = -5.438\,249\,5$，② $n=10$ まで計算すると，$\cos 2\pi = 1.000\,301\,2$ となる。正解は 1 であるので，$n=5$ ではきわめて大きな打切り誤差を有していることがわかる。なお，$n=15$ まで計算すると，結果はほぼ 1 になる。

2 章

【1】 $f(x) = x^3-2x^2+2x-1$

$f'(x) = 3x^2-4x+2$

$f(1.1) = 0.111$, $f'(1.1) = 1.23$

式 (2.7) に代入すると，$n=1$ として

$$x_2 = 1.1 - \frac{0.111}{1.23} = 1.0098$$

【2】 $f(x) = x^3 - 2x^2 + 2x - 1$

$f'(x) = 3x^2 - 4x + 2$

$f''(x) = 6x - 4$

これらより，$f(1.1)$，$f'(1.1)$，$f''(1.1)$ を求め，さらに式 (2.10) に代入して h を求め，$x_{n+1} = x_n + h$ を用いて繰り返し計算を行うと，$x_2 = 0.996$，$x_3 = 1.000$ が得られる。

【3】 $f_x = -6x^2 - 20x$, $g_x = -6x$, $f_y = 9y^2$, $g_y = 3y^2 + 5$

これらを式 (2.17) から式 (2.20) に代入して $x_2 = 0.524$，$y_2 = 0.936$，$x_3 = 0.524$，$y_3 = 0.934$ が得られる。

【4】 繰返し計算式としてつぎの式について $F'(x)$ を求める。

$$x = F_1(x) = \frac{-x^3 + 2x^2 + 1}{2} \text{ より } F_1'(1.1) = 0.385$$

$$x = F_2(x) = \sqrt{\frac{x^3 + 2x - 1}{2}} \text{ より } F_2'(1.1) = 0.885$$

$$x = F_3(x) = \frac{x^3 - 1}{2(x-1)} \text{ より } F_3'(1.1) = 1.60$$

$$x = F_4(x) = \sqrt[3]{2x^2 - 2x + 1} \text{ より } F_4'(1.1) = 0.642$$

$$x = F_5(x) = \frac{1}{x^2 - 2x + 2} \text{ より } F_5'(1.1) = -0.184$$

以上より $F_5(x)$ が最適関数である。これによる計算結果は，$x_1 = 1.1$ を初期値として $x_2 = 0.99$，$x_3 = 1.000$，$x_4 = 1.000$ のように，よい収束を示す。

【5】 $f(x) = x^3 - 2x^2 + 2x - 1$

$f(x_2) = -0.091$, $f(x_3) = 0.111$

$$x_4 = \frac{x_2 f(x_3) - x_3 f(x_2)}{f(x_3) - f(x_2)} = 0.9901$$

$f(x_4) = -0.0098$ であるから

$$x_5 = \frac{x_4 f(x_3) - x_3 f(x_4)}{f(x_3) - f(x_4)} = 0.9990$$

【6】 本文中の式 (2.21) を解く要領で

$f(\lambda) = \tan \lambda - \lambda$

とおいて

$f'(\lambda) = \sec^2 \lambda - 1$

式 (2.7) に代入して，つぎの式が得られる．

$$\lambda_{n+1} = \lambda_n - \frac{\tan \lambda_n - \lambda_n}{\sec^2 \lambda_n - 1}$$

3章

【1】 $y = \dfrac{(x-1)(x-2)}{(1-2)(1-3)} \times 2 + \dfrac{(x-1)(x-3)}{(2-1)(2-3)} \times 1 + \dfrac{(x-1)(x-2)}{(3-1)(3-2)} \times (-2)$

∴ $y = -x^2 + 2x + 1$

【2】 $y = \dfrac{(x-1)(x-2)(x-3)}{(0-1)(0-2)(0-3)} \times (-1) + \dfrac{(x-0)(x-2)(x-3)}{(1-0)(1-2)(1-3)} \times 2$

$+ \dfrac{(x-0)(x-1)(x-3)}{(2-0)(2-1)(2-3)} \times (-1) + \dfrac{(x-0)(x-1)(x-2)}{(3-0)(3-1)(3-2)} \times (-1)$

∴ $y = -x^3 + 4x - 1$

【3】 $D(y_1) = \dfrac{1}{2 \times 1} \{-3 \times 2 + 4 \times 1 - (-2)\} = 0$

$D^2(y_1) = \dfrac{1}{1^2} \{2 - 2 \times 1 + (-2)\} = -2$

【4】 付録のプログラム "スプライン関数による補間 (BY T. SATO 2001.2.10)" を用いればよい．このプログラムのNはデータの数，X(I), Y(I) は x_i, y_i の値，XX は補間する x の値である．

【5】 解答【4】を参照のこと．

4章

【1】 （1） 付録にある最小二乗法のプログラムを使って計算すればよい．この問題の場合，NX=1，NDATA=10 である．結果は，$a_0 = 0.0047$，$a_1 = 0.0216$[4] となる．すなわち，$\delta = 0.0216P + 0.0047$

（2） $E = \dfrac{l^3}{48I} \dfrac{P}{\delta} \fallingdotseq 96\,000\,\text{MPa}$

【2】 付録にある最小二乗法のプログラムでNX=0，NDATA=10 とする．結果は，$E = 0.0408t$ となる．

【3】 （1） 付録のプログラムで，NX=2 とすると $\sigma = a_0 + a_1 n + a_2 n^2$ の形で近似され，$a_0 = -0.714$，$a_1 = -0.00762$，$a_2 = 0.00192$ となる．

強制的に $a_0 = a_1 = 0$ とすると $a_2 = \sum\limits_{i=1}^{n} x_i^3 / \sum\limits_{i=1}^{n} x_i y_i^2$ で求められるので，このようにプログラムを修正して a_2 を求めると $a_2 = 0.00189$，すなわち $\sigma = 0.00189 n^2$

となる。こちらの値を採用すべきであろう。

(2) 上記(1)の結果において $\sigma=\sigma_{al}=400$ として n を求めると，$n=460$ [rpm]。

【4】 この問題の場合，応力の分布は左右対称になるはずなので，左側半分に対称な測定データがあるとして（NDATA=19 として）最小二乗法を適用するのが好ましい。その結果は $a_0=186.8$，$a_2=-0.1594$，$a_4=0.00003757$ であり，$a_1=a_3=0$ になる。

【5】 $a_0=-0.0209$，$a_1=8.633$，$a_2=-8.286$，$a_3=5.125$，$a_4=-1.677$，$a_5=0.2259$ となる。多項式の次数をあまり低くすると近似度がよくない。この点を確認しておいてほしい。

【6】 付録に示したプログラムを若干修正して適用する必要がある。変更点はつぎの二点のみであるので，各自実行されたい。

① 読み込んだデータ y_i（この問題では電流値）の対数をとる。

② 連立方程式を解いて得られた a_0（プログラム内では X(1) に値が格納されている）に対し e^{a_0} を計算して，それを新たに a_0 とする。このように修正し，一次式で近似する（NX=1 とする）と，$a_0=49.6$，$a_1=-4.97$，すなわち $i=49.6\exp(-4.97t)$ となる。

(2) 上記(1)で得られた a_0 の単位がミリアンペアであることに注意して R と C を求めると，$R\fallingdotseq 2$ [kΩ]，$C\fallingdotseq 10^{-4}$ [F]=100 [μF] となる。

【7】 問題【6】と同じタイプの問題であるので，問題【6】で修正したプログラムを使えばよい。$a_0=1$，$a_1=-0.0188$ となる。よって，$I_n=\exp(-0.0188t)$ であり，$k=0.0188$ [mm^{-1}]=18.8 [m^{-1}] となる。

【8】 この問題の場合，$f_1=1$，$f_2=\sin(\pi/2)t$，$f_3=\sin\pi t$，$f_4=\sin(3\pi/2)t$ として，線形最小二乗法を適用する。プログラムのリストは示していないが，それほど複雑なプログラムとはならないので，プログラミングにチャレンジしてほしい。結果のみを示すと，以下のとおりである。

$$R=199.4+80.93\sin\frac{\pi}{2}t+31.67\sin\pi t+99.26\sin\frac{3\pi}{2}t$$

5章

【1】 被積分関数を $f(y)=4y^2\sqrt{20^2-y^2}$ とし，各分点での $f(y)$ の値を求めて式 (5.5) に当てはめればよい。$I_{xx}\fallingdotseq 1.2278\times 10^5$ となる。正解は

$$I_{xx}=\frac{\pi a^4}{4}=1.2566\times 10^5$$

なので，数値積分による誤差は約 2.3% である。

【2】 式（5.13）を適用すると，$I_{xx} \fallingdotseq 1.2449 \times 10^5$ となる．誤差は約 0.9% である．

【3】 $y=10u+10$ とおいて，u についての積分区間 $[-1, 1]$ の積分に変換してからガウスの積分公式を適用する．結果は $I_{xx} \fallingdotseq 1.2603 \times 10^5$ であり，誤差は 0.3% 程度に収まる．

【4】 分割数と積分値の対応を表の形で示すと，**解表 5.1** のとおりである．

解表 5.1 分割数による数値積分結果の変化

分割数	台形公式	シンプソンの公式	分割数	台形公式	シンプソンの公式
32	1.2463×10^5	1.2525×10^5	256	1.2562	1.2565
64	1.2530	1.2552	512	1.2565	1.2566
128	1.2553	1.2561	1024	1.2566	1.2566

【5】 各分点における $2\sigma_y$ の値を求めて，式（5.5）を適用すればよい．$P' = -1999.2 \,[\mathrm{N}]$ となり，$n=16$ でもほぼ P に一致する．結果が負になるのは，σ_y が負（圧縮応力）だからである．

【6】 式（5.13）を使って計算すると，$P' = -2000.0 \,[\mathrm{N}]$ となって，P と完全に一致する．

【7】 $x=25u+25$ とおいて，u についての積分区間 $[-1, 1]$ の積分に置き換えてからガウスの積分公式を適用する．結果は $P' = -2000.0 \,[\mathrm{N}]$ となる．

【8】 各分点における $\sqrt{x^2+2^2}/2$ の値を求めて，式（5.5）を適用すればよい．結果は $l=3.90015$ となる．

【9】 式（5.13）を使って計算すると，$l=3.89893$ となり，6 けたすべて正解と一致する．

【10】 $x=1.5u+1.5$ とおき，u についての積分区間 $[-1, 1]$ の積分に置き換え，ガウスの積分公式を適用する．結果は，$l=3.98992$ となり，ほぼ正解に一致する．

【11】 $x=u+1$，$y=(v+1)/2$ とおき，u，v についての積分区間が $[-1, 1]$ の二重積分に変換してから，ガウスの積分公式を適用するとよい．結果は $M=2.000000$ となり，正解と完全に一致する．

6 章

【1】 式（6.5）のアルゴリズムに従って，前進消去を行うと

$$\begin{bmatrix} 1 & 1 & 1 \\ 0 & 1 & 2 \\ 0 & 0 & 4 \end{bmatrix} \begin{Bmatrix} x_1 \\ x_2 \\ x_3 \end{Bmatrix} = \begin{Bmatrix} 3 \\ 3 \\ 4 \end{Bmatrix}$$

となる。これに対して後退代入を行うと，$x_3=1$，$x_2=1$，$x_1=1$ が順次得られる。

【2】 解説に従って，インプットデータを準備し（少量であるので，キーボードから打ち込んでもよい），プログラムを実行させると
X(1)＝0.10000 D＋01，　X(2)＝0.10000 D＋01，　X(3)＝0.10000 D＋01
が得られる。なお，D＋01 は倍精度計算の場合の 10^1 を表す。

【3】 基本プログラムでは前進消去の過程で対角要素が 0 になるため，解を求めることができない。部分ピボット選択を行うサブルーチン LSEQPP を使うことによって，問題なく解
X(1)＝0.10000 D＋01，　X(2)＝0.10000 D＋01，　X(3)＝0.10000 D＋01
X(4)＝0.10000 D＋01
を得ることができる。

【4】 コレスキー法を適用して，与えられた連立一次方程式を変形すると，つぎのようになる（小数点以下 6 けたまで示す）。

$$\begin{bmatrix} 3.741\,657 & 3.474\,396 & 6.414\,270 \\ 0 & 1.388\,730 & 0.514\,345 \\ 0 & 0 & 0.769\,800 \end{bmatrix} \begin{Bmatrix} x_1 \\ x_2 \\ x_3 \end{Bmatrix} = \begin{Bmatrix} 13.630\,323 \\ 1.903\,075 \\ 0.769\,800 \end{Bmatrix}$$

この方程式に対して後退代入を行うと，$x_1=1.000\,00$，$x_2=1.000\,00$，$x_3=1.000\,00$ が得られる。

【5】 省　略

【6】 ヤコビ法では収束解が得られない。繰返しとともに，各 x の値が大きくなり発散する。ガウス-ザイデル法では収束するが，収束に至るまでに 500 回以上の繰返しが必要になる。問題【7】の解答参照。

【7】 ω の値を 1.0（このときはガウス-ザイデル法に一致する）から 1.9 まで 0.1 刻みに増加させ，収束解が得られるまでの回数を示すと，**解表 6.1** のとおり

解表 6.1　ω による収束回数の変化（演習問題【7】）

ω	1.0	1.1	1.2	1.3	1.4	1.5	1.6	1.7	1.8	1.9
収束までの繰返し数	585	477	384	297	205	<u>178</u>	200	255	408	824

であり，$\omega=1.5$ で収束が一番速くなっていることがわかる。

【8】共役勾配法を使うと，3回の繰返しで正解に到達する。繰返しに伴う解の変化を示すと，**解表 6.2** のとおりである。

解表 6.2 共役勾配法における解の収束過程（演習問題【8】）

繰返し数	x_1	x_2	x_3
0	0.	0.	0.
1	0.743 724	0.729 141	1.297 872
2	0.709 883	0.962 720	1.186 933
3	1.000 000	1.000 000	1.000 000

【9】省 略

7章

【1】式 (7.4) を用いて，例題 7.1 と同様に計算すればよい。

$$y_{n+1}=1+\int_0^x (1-xy_n)\,dx$$

より

$$y_2=1+\int_0^x (1-x\times 1)\,dx=1+x-\frac{x^2}{2}$$

$$y_3=1+\int_0^x \left\{1-x\left(1+x-\frac{x^2}{2}\right)\right\}dx=1+x-\frac{x^2}{2}-\frac{x^3}{3}+\frac{x^4}{8}$$

【2】式 (7.7)，(7.8) を用いて，例題 7.2 の要領で計算すればよい。

$$x_{n+1}=1+\int_0^t (3x_n+y_n+t)\,dt$$

$$y_{n+1}=-1+\int_0^t (x_n-2t)\,dt$$

より

$$x_2=1+\int_0^t \{3\times 1+(-1)+t\}dt=1+2t+\frac{t^2}{2}$$

$$y_2=-1+\int_0^t (1-2t)\,dt=-1+t-t^2$$

$$x_3=1+\int_0^t \left\{3\times\left(1+2t+\frac{t^2}{2}\right)+(-1+t-t^2)\right\}dt=1+2t+4t^2+\frac{t^3}{6}$$

$$y_3=-1+\int_0^t \left\{\left(1+2t+\frac{t^2}{2}\right)-2t\right\}dt=-1+t+\frac{t^3}{6}$$

【3】 式 (7.11), (7.12) を用い例題 7.3 の要領で行うと
$y(0)=1$, $y'(0)=1$, $y''(0)=-1$, $y'''(0)=-2$, $y^{(4)}(0)=3$
$y(x)=y(0)+xy'(0)+\dfrac{1}{2!}x^2 y''(0)+\dfrac{1}{3!}x^3 y'''(0)+\dfrac{1}{4!}x^4 y^{(4)}(0)+\cdots$

より

$y=1+x-\dfrac{1}{2}x^2-\dfrac{1}{3}x^3+\dfrac{1}{8}x^4+\cdots$

【4】 例題 7.4 の要領で計算を行うと
$x(0)=1$, $y(0)=-1$, $x'(0)=2$, $y'(0)=1$, $x''(0)=8$, $y''(0)=0$,
$x'''(0)=24$, $y'''(0)=8$

以上より

$x=1+2h+4h^2+4h^3+\cdots$

$y=-1+h+\dfrac{4}{3}h^3+\cdots$

【5】 7.3 節に沿って計算すればよい。すなわち
$a_1(1+x^2)+a_2(2x+x^3)-(1-x)=\varepsilon$
$x=0.25$ では, $1.063a_1+0.516a_2=0.750$
$x=0.50$ では, $1.250a_1+1.125a_2=0.500$

【6】 7.4 節の要領で変形すればよい。
$\dfrac{dy}{dx}=X$, $\dfrac{dX}{dx}=Y$, $\dfrac{dY}{dx}=Z$, $\dfrac{dZ}{dx}=a^4 Y-by$

ここで, $y(0)=y_0$, $X(0)=y_0'$, $Y(0)=y_0''$, $Z(0)=y_0'''$

8 章

【1】 $k_1=0.5\times(0+1.0)=0.5$
$k_2=0.5\times\{(0+0.5)+(1+0.5)\}=1$
$\varDelta y=\dfrac{0.5+1}{2}=0.75$
$y(0.5)=y(0)+\varDelta y=1.75$

【2】 $k_1=0.5$
$k_2=0.5\times\left\{\left(0+\dfrac{0.5}{3}\right)+\left(1+\dfrac{0.5}{3}\right)\right\}=\dfrac{2}{3}$
$k_3=0.5\times\left\{\left(0+\dfrac{2}{3}\times 0.5\right)+\left(1+\dfrac{2}{3}\times\dfrac{2}{3}\right)\right\}=\dfrac{8}{9}$
$\varDelta y=\dfrac{0.5+3\times 8/9}{4}=0.7917$

$y(0.5) = y(0) + \Delta y = 1 + 0.791\,7 = 1.791\,7$

【3】 $k_1 = 0.5 \times (0+1) = 0.5$

$k_2 = 0.5 \times \left\{\left(0 + \frac{1}{2} \times 0.5\right) + \left(1 + \frac{1}{2} \times 0.5\right)\right\} = 0.75$

$k_3 = 0.5 \times \left\{\left(0 + \frac{1}{2} \times 0.5\right) + \left(1 + \frac{1}{2} \times 0.75\right)\right\} = 0.812\,5$

$k_4 = 0.5 \times \{(0+0.5) + (1 + 0.812\,5)\} = 1.156\,3$

$\Delta y = \frac{1}{6} \times (0.5 + 2 \times 0.75 + 2 \times 0.812\,5 + 1.156\,3) = 0.796\,9$

$y(0,5) = 1 + 0.796\,9 = 1.796\,9$

【4】 $k_1 = 0.5 \times (0+1) = 0.5$

$k_2 = 0.5 \times \left\{\left(0 + \frac{1}{3} \times 0.5\right) + \left(1 + \frac{1}{3} \times 0.5\right)\right\} = \frac{2}{3}$

$k_3 = 0.5 \times \left\{\left(0 + \frac{2}{3} \times 0.5\right) + \left(1 + \frac{2}{3} - \frac{1}{3} \times 0.5\right)\right\} = \frac{11}{12}$

$k_4 = 0.5 \times \left\{(0+0.5) + \left(1 + \frac{11}{12} - \frac{2}{3} + 0.5\right)\right\} = \frac{27}{24}$

$\Delta y = \frac{1}{8} \times \left(\frac{1}{2} + 3 \times \frac{2}{3} + 3 \times \frac{11}{12} + \frac{13}{12}\right) = 0.796\,9$

$y(0.5) = 1 + 0.796\,9 = 1.796\,9$

【5】 u に時間 t の簡単な関数を与え，**表 8.4** のルンゲ-クッタ法を用いるか，あるいは **7** 章の方法も用いることができる。

9 章

【1】 $\begin{vmatrix} 1-\lambda & 2 \\ 2 & 1-\lambda \end{vmatrix} = 0$

これより $\lambda = -1, 3$。したがって

$\lambda = 3$ の場合は $[X] = \begin{bmatrix} x_1 \\ x_2 \end{bmatrix} = \begin{bmatrix} 1 \\ 1 \end{bmatrix}$

$\lambda = -1$ の場合は $[X] = \begin{bmatrix} x_1 \\ x_2 \end{bmatrix} = \begin{bmatrix} 1 \\ -1 \end{bmatrix}$

【2】 係数行列の行列式を第 1 列で展開し，0 とおくと

$(-1-\lambda) \times (-1)^{1+1} \times \begin{vmatrix} -2-\lambda & -1 \\ -2 & 3-\lambda \end{vmatrix} - 4 \times (-1)^{3+1} \times \begin{vmatrix} 2 & 2 \\ -2-\lambda & -1 \end{vmatrix} = 0$

これより

$\lambda(\lambda-1)(\lambda+1) = 0$

したがって

$\lambda = 0$ では $[X] = \begin{bmatrix} 1 \\ -0.5 \\ 1 \end{bmatrix}$

$\lambda = 1$ では $[X] = \begin{bmatrix} 1 \\ 0.5 \\ 1.5 \end{bmatrix}$ あるいは $\begin{bmatrix} 0.67 \\ -0.33 \\ 1.00 \end{bmatrix}$

$\lambda = -1$ では $[X] = \begin{bmatrix} -1.5 \\ 1 \\ -1 \end{bmatrix}$ あるいは $\begin{bmatrix} 1 \\ -0.67 \\ 0.67 \end{bmatrix}$

【3】 $(-2+\lambda)x_1 + x_2 = 0, \quad x_1 + (\lambda-3)x_2 = 0$

ただし，$\lambda = m\omega^2/k$

$\begin{vmatrix} -2+\lambda & 1 \\ 1 & -3+\lambda \end{vmatrix} = 0$ より

$\lambda = 1.382, \quad 3.618$

$\lambda = 1.382$ では $[X] = \begin{bmatrix} x_1 \\ x_2 \end{bmatrix} = \begin{bmatrix} 1 \\ 0.618 \end{bmatrix}$

$\lambda = 3.618$ では $[X] = \begin{bmatrix} x_1 \\ x_2 \end{bmatrix} = \begin{bmatrix} -0.618 \\ 1 \end{bmatrix}$

【4】 固有値は 3, 3.056, 3.091, 3.109 … と正確値 3.124 570 に近づく．固有ベクトルは第2行要素を−1 とすると

$\begin{bmatrix} 1 \\ -1 \\ 0.167 \end{bmatrix}, \begin{bmatrix} 0.947 \\ -1 \\ 0.211 \end{bmatrix}, \begin{bmatrix} 0.917 \\ -1 \\ 0.225 \end{bmatrix}, \begin{bmatrix} 0.902 \\ -1 \\ 0.231 \end{bmatrix}, \cdots$

となり，正確なベクトル

$\begin{bmatrix} 0.889\,228 \\ -1 \\ 0.235\,342 \end{bmatrix}$

に収束する．

【5】 $A = \begin{bmatrix} 5 & -2 & 0 \\ -2 & 3 & -1 \\ 0 & -1 & 1 \end{bmatrix}$, $B = \begin{bmatrix} 1 & 0 & 0 \\ 0 & 2 & 0 \\ 0 & 0 & 3 \end{bmatrix}$, $X = \begin{bmatrix} x_1 \\ x_2 \\ x_3 \end{bmatrix}$

10 章

【1】 例題 10.1 と同種の問題であるが，平均値を求めるのではなく，0.2 と 0.3 の間にある乱数の数をカウントするようなプログラムをつくればよい。IX=2 314 557 とした場合，$N=100$，1 000，10 000 に対して $n=7$，94，996 となり，N が大きくなるにつれて n/N の値が 0.1 に近づくことが確認できる。

【2】 （1） 発生させた乱数の組み r_x，r_y に対して，座標 $(2r_x, 2r_y)$ の点が面積を求めようとする領域内にあるかどうかを判定すればよい。正解のみ示すと，$I=\pi$ である。
（2） 座標 $(\pi r_x/2, r_y)$ の点が領域内にあるかどうかを判定する。正解は $I=2/3$ である。

【3】 省　略

【4】 積分変数を $x=u+1$，$y=v+1$ によって u，v に変換し，与えられた定積分をつぎのように変形してから式（10.8）の考え方を使えばよい。

$$I = \int_0^1 \int_0^1 \frac{1}{(u+1)^2(v+1)}\, dudv$$

正解は $I=(\log 2)/2 \fallingdotseq 0.346\,6$ であるが，IX=1 122 335 とした場合，乱数発生数 2 000〔組〕の場合 $I \fallingdotseq 0.352\,6$，1 000〔組〕の場合 $I \fallingdotseq 0.346\,0$ となる。

【5】 解図 10.1 より，針の両端がちょうど平行線上に乗っているときの針の傾き角は $\theta=\alpha=\tan^{-1}(h/\sqrt{a^2-h^2})$ であり，$\alpha \leq \theta \leq (\pi-\alpha)$ のとき，針はつねに平行線と交わる。したがって，確率 P を求める式をつぎのように修正する必要がある。

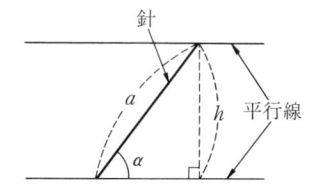

解図 10.1　α の決定

$$P = 2 \times \left(\int_0^a \frac{a \sin \theta}{h} \frac{d\theta}{\pi} + \int_a^{\pi/2} \frac{d\theta}{\pi} \right) = \frac{n}{N}$$

この積分を実行し，π について解くと

$$\pi = \frac{2a - 2a(1 - \cos a)/h}{1 - n/N}$$

【6】 省　略

【7】 式 (10.26) のマトリクスにおいて，$T_5 = 2$(既知) となり，そのかわり右辺が未知量になる．そこで，第5行に対して，第1行に行ったのと同じ処理を行ってから，連立方程式を解けばよい．すなわち，第5行の対角項を1，ほかのすべての項を0とし，右辺=2として，つぎのような形に変形する．

$$\begin{bmatrix} 1 & 0 & 0 & 0 & 0 \\ -1 & 2 & -1 & 0 & 0 \\ 0 & -1 & 2 & -1 & 0 \\ 0 & 0 & -1 & 2 & -1 \\ 0 & 0 & 0 & 0 & 1 \end{bmatrix} \begin{Bmatrix} T_1 \\ T_2 \\ T_3 \\ T_4 \\ T_5 \end{Bmatrix} = \begin{Bmatrix} 1 \\ 1 \\ 1 \\ 1 \\ 2 \end{Bmatrix}$$

これを解くと，$(T_1 = 1)$，$T_2 = 2.75$，$T_3 = 3.5$，$T_4 = 3.25$，$(T_5 = 2)$ となる．正解は $T = -x^2/2 + 9x/4 + 1$ なので，両者は完全に一致する．

索引

【あ】
アルゴリズム　2
アンダフロー　7

【い】
1の補数　5
一様乱数　114

【う】
打切り誤差　11
運動方程式　43

【お】
オイラー法　94
応力集中係数　40
大たわみ　47
オーバフロー　7
重み関数　123
重み係数　56
重み付き残差法　123

【か】
回転放物面　61
ガウス-ザイデル法　75
ガウス-ジョルダンの消去法　68
ガウス-ルジャンドル積分公式　57
ガウス点　56
ガウスの消去法　67
ガウスの数値積分法　50
過小緩和　77
仮数部　6
加速パラメータ　76

【き】
過大緩和　77
ガラーキン法　123
完全ピボット選択　71

【き】
記憶容量　3
機械語　2
刻み幅　50
気象予報　113
擬似乱数　115
規則格子　131
基本解　132
逆行列　108, 110
吸収係数　48
共役傾斜法　77
共役勾配法　77
境界積分方程式　131
境界値問題　122
境界要素　131
境界要素法　113, 131
虚数解　14
近似解　75

【く】
区間縮小法　21
クッタ-シンプソンの1/3法則　100
クッタ-シンプソンの3/8法則　101
クラメルの法則　103

【け】
係数マトリクス　68
けた落ち　9
減衰振動　43

【こ】
高階常微分方程式　89
格子点　130
後退代入段階　69
合同法　115
誤差　7
固定小数点表示　7
固有値　103
固有値の最小値　111
固有値の最大値　111
固有ベクトル　103
コンパイル　2

【さ】
最小化問題　78
最小二乗法　36, 88
作図による方法　13
座屈荷重　23
差分法　113, 129
差分方程式　130
残差　123
残差ベクトル　79
三次スプライン関数　25
三重積分　60

【し】
指数関数　42
指数部　6
実数型　4
出力誤差　9
自動車の制御システム　102
支配方程式　1, 122
シミュレーション　113
自由振動の運動方程式　107

索引

修正オイラー-コーシー法　95
収束性　76
収束判定　79
16進数　3
10進数　2
消去法　67
乗算合同法　115
情報落ち　10
初期位相　107
初期値　75
初期値問題　82
振動数　107
振動問題　103
振幅　107
シンプソンの公式　50

【す】

枢軸要素　71
数値実験　113
数値シミュレーション　113
数値積分　50
数値積分の誤差　31
数値微分　31
数値微分の誤差　31
スプライン関数　25

【せ】

正規方程式　38
整数型　4
正定値対称　72
正方マトリクス　73
積分点　56
積分方程式　82, 131
絶対誤差　8
節点　124
ゼロ点　58
ゼロ要素　74
漸化式　58
線形結合　43
線形最小二乗法　44
前進消去法段階　68
前進積分法　93

【そ】

相対誤差　9

【た】

第1階差分　129
第一近似解　13
台形公式　50
対称マトリクス　73
代数学の基本定理　14
第2階差分　129
多項式近似　87
多重積分　117
単位マトリクス　69
探索幅　79
断面二次モーメント　64

【ち】

超越方程式　13
直接法　20, 67

【つ】

積み残し　10

【て】

定式化　123
定常熱伝導問題　122
定数ベクトル　68
テイラー級数解　85
テイラー展開による方法　85
転置マトリクス　73
データ誤差　9

【と】

特異積分　132

【な】

内部発熱　123

【に】

二次ニュートン法　17
二重積分　60
2進数　2

2進法　3
2の補数　5
二分法　21
入力誤差　9
ニュートン接線法　15

【ね】

熱伝導率　123
熱流　123
粘性減衰　43
粘性減衰係数　43

【は】

バイト　3
掃出し法　68
ばね定数　107
反復解法　82
反復法　67

【ひ】

微小たわみ　48
ひずみゲージ　40
非線形代数方程式　13
非線形方程式　13
ビット　3
微分演算子 D　32
微分係数　129
ピボット　71
ピボット選択　71
ビュホンの針の問題　119

【ふ】

不等間隔の補間　24
浮動小数点表示　6
部分ピボット選択　71
フルマトリクス　132
プログラミング言語　2
フローチャート　2

【へ】

平方根法　73
変位　107
偏差　36

変数変換　　　　　61	【も】	【ら】
【ほ】	模擬実験　　　　　113	ラグランジュの補間公式　24
放物線の長さ　　　65	モンテカルロ法　　113	ラプラス方程式　　130
母集団　　　　　114	【や】	乱　数　　　　113, 114
補　数　　　　　　5	ヤコビ法　　　　75, 108	乱数サイ　　　　　114
ポストプロセッサ　2	【ゆ】	乱数表　　　　　114
【ま】	有限要素法　　113, 122	【る】
マクローリン展開　11	有効けた数　　　　7	ルジャンドル多項式　58
丸　め　　　　　　9	有効数字　　　　　7	ルンゲ-クッタ法　　96
丸め誤差　　　　　9	【よ】	【わ】
【み】	要　素　　　　　124	わき出し　　　　　132
右上三角行列　　　72		
未知数ベクトル　　68		
【む】		
無限領域問題　　　131		

【C】	【M】	【S】
CG法　　　　　　77	m 重積分　　　　117	SOR法　　　　　76
【F】	【Q】	
fill in　　　　　74	QR法　　　　　108	

索　　　引　　　159

―― 著者略歴 ――

薮　忠司（そう　ただし）
1964 年　神戸大学工学部機械工学科卒業
1966 年　神戸大学大学院工学研究科修士課程
　　　　修了（機械工学専攻）
1964 年　株式会社神戸製鋼所勤務
1985 年　工学博士（神戸大学）
1995 年　秋田工業高等専門学校教授
2003 年　退職
2004 年　神戸市立工業高等専門学校非常勤講師
〜09 年
2004 年　株式会社神戸製鋼所非常勤勤務
〜13 年

伊藤　惇（いとう　じゅん）
1966 年　秋田大学鉱山学部機械工学科卒業
1969 年　東北大学大学院工学研究科修士課程
　　　　修了（機械工学専攻）
1969 年　株式会社日立製作所勤務
1978 年　秋田工業高等専門学校助教授
1984 年　工学博士（東北大学）
1992 年　秋田工業高等専門学校教授
2007 年　秋田工業高等専門学校名誉教授
2014 年　日本機械学会東北支部功労賞受賞

数値計算法
Methods for Numerical Analysis　　　　　　Ⓒ Tadashi So, Jun Ito　2002

2002 年 1 月 7 日　初版第 1 刷発行
2020 年 1 月 25 日　初版第 8 刷発行

|検印省略| 著　者　薮　　　忠　司
　　　　　　　　伊　藤　　　惇
　　　　発行者　株式会社　コロナ社
　　　　　　　　代表者　牛来真也
　　　　印刷所　新日本印刷株式会社
　　　　製本所　有限会社　愛千製本所

112-0011　東京都文京区千石 4-46-10
発行所　株式会社　コロナ社
CORONA PUBLISHING CO., LTD.
Tokyo Japan
振替 00140-8-14844・電話 (03) 3941-3131 (代)
ホームページ　https://www.coronasha.co.jp

ISBN 978-4-339-04462-1 C3353　Printed in Japan　　　　　　（添田）

JCOPY　＜出版者著作権管理機構　委託出版物＞
本書の無断複製は著作権法上での例外を除き禁じられています。複製される場合は，そのつど事前に，
出版者著作権管理機構（電話 03-5244-5088，FAX 03-5244-5089，e-mail: info@jcopy.or.jp）の許諾を
得てください。

本書のコピー，スキャン，デジタル化等の無断複製・転載は著作権法上での例外を除き禁じられています。
購入者以外の第三者による本書の電子データ化及び電子書籍化は，いかなる場合も認めていません。
落丁・乱丁はお取替えいたします。

機械系 大学講義シリーズ

(各巻A5判，欠番は品切です)

■編集委員長　藤井澄二
■編集委員　　臼井英治・大路清嗣・大橋秀雄・岡村弘之
　　　　　　　黒崎晏夫・下郷太郎・田島清瀬・得丸英勝

配本順				頁	本体
1.	(21回)	材料力学	西谷弘信著	190	2300円
3.	(3回)	弾性学	阿部・関根共著	174	2300円
5.	(27回)	材料強度	大路・中井共著	222	2800円
6.	(6回)	機械材料学	須藤一著	198	2500円
9.	(17回)	コンピュータ機械工学	矢川・金山共著	170	2000円
10.	(5回)	機械力学	三輪・坂田共著	210	2300円
11.	(24回)	振動学	下郷・田島共著	204	2500円
12.	(26回)	改訂 機構学	安田仁彦著	244	2800円
13.	(18回)	流体力学の基礎（1）	中林・伊藤・鬼頭共著	186	2200円
14.	(19回)	流体力学の基礎（2）	中林・伊藤・鬼頭共著	196	2300円
15.	(16回)	流体機械の基礎	井上・鎌田共著	232	2500円
17.	(13回)	工業熱力学（1）	伊藤・山下共著	240	2700円
18.	(20回)	工業熱力学（2）	伊藤猛宏著	302	3300円
20.	(28回)	伝熱工学	黒崎・佐藤共著	218	3000円
21.	(14回)	蒸気原動機	谷口・工藤共著	228	2700円
22.		原子力エネルギー工学	有冨・齊藤共著		
23.	(23回)	改訂 内燃機関	廣安・實諸・大山共著	240	3000円
24.	(11回)	溶融加工学	大中・荒木共著	268	3000円
25.	(29回)	新版 工作機械工学	伊東・森脇共著	254	2900円
27.	(4回)	機械加工学	中島・鳴瀧共著	242	2800円
28.	(12回)	生産工学	岩田・中沢共著	210	2500円
29.	(10回)	制御工学	須田信英著	268	2800円
30.		計測工学	山本・宮城・臼田・高辻・榊原共著		
31.	(22回)	システム工学	足立・酒井・髙橋・飯國共著	224	2700円

定価は本体価格＋税です。
定価は変更されることがありますのでご了承下さい。

図書目録進呈◆

メカトロニクス教科書シリーズ

（各巻A5判，欠番は品切です）

■編集委員長　安田仁彦
■編集委員　末松良一・妹尾允史・高木章二
　　　　　　藤本英雄・武藤高義

配本順			頁	本体
1.（18回）	新版 メカトロニクスのための 電子回路基礎	西堀賢司著	220	3000円
2.（3回）	メカトロニクスのための 制御工学	高木章二著	252	3000円
3.（13回）	アクチュエータの駆動と制御（増補）	武藤高義著	200	2400円
4.（2回）	センシング工学	新美智秀著	180	2200円
5.（7回）	CADとCAE	安田仁彦著	202	2700円
6.（5回）	コンピュータ統合生産システム	藤本英雄著	228	2800円
7.（16回）	材料デバイス工学	妹尾允史・伊藤智徳共著	196	2800円
8.（6回）	ロボット工学	遠山茂樹著	168	2400円
9.（17回）	画像処理工学（改訂版）	末松良一・山田宏尚共著	238	3000円
10.（9回）	超精密加工学	丸井悦男著	230	3000円
11.（8回）	計測と信号処理	鳥居孝夫著	186	2300円
13.（14回）	光工学	羽根一博著	218	2900円
14.（10回）	動的システム論	鈴木正之他著	208	2700円
15.（15回）	メカトロニクスのための トライボロジー入門	田中勝之・川久保洋二共著	240	3000円

定価は本体価格+税です。
定価は変更されることがありますのでご了承下さい。

図書目録進呈◆

コンピュータ数学シリーズ

(各巻A5判，欠番は品切です)

■編集委員　斎藤信男・有澤　誠・筧　捷彦

配本順			頁	本体
2.（9回）	組 合 せ 数 学	仙波一郎著	212	2800円
3.（3回）	数 理 論 理 学	林　　晋著	190	2400円
10.（2回）	コンパイラの理論	大山口通夫著	176	2200円
11.（1回）	アルゴリズムとその解析	有澤　誠著	138	1650円
16.（6回）	人工知能の理論（増補）	白井良明著	182	2100円
20.（4回）	超並列処理コンパイラ	村岡洋一著	190	2300円
21.（7回）	ニューラルコンピューティング	武藤佳恭著	132	1700円

以 下 続 刊

1.　離　散　数　学　難波　完爾著		4.　計　算　の　理　論　町田　　元著
5.　符　号　化　の　理　論　今井　秀樹著		6.　情報構造の数理　中森真理雄著
8.　プログラムの理論		9.　プログラムの意味論　萩野　達也著
12.　データベースの理論		13.　オペレーティングシステムの理論　斎藤　信男著
14.　システム性能解析の理論　亀田　壽夫著		17.　コンピュータグラフィックスの理論　金井　　崇著
18.　数式処理の数学　渡辺　隼郎著		19.　文字処理の理論

定価は本体価格+税です。
定価は変更されることがありますのでご了承下さい。

図書目録進呈◆

ロボティクスシリーズ

(各巻A5判,欠番は品切です)

- ■編集委員長　有本　卓
- ■幹事　　　　川村貞夫
- ■編集委員　　石井　明・手嶋教之・渡部　透

配本順		書名	著者	頁	本体
1.	(5回)	ロボティクス概論	有本　卓編著	176	2300円
2.	(13回)	電気電子回路 ―アナログ・ディジタル回路―	杉田　進／山中克彦／小西　聡 共著	192	2400円
3.	(12回)	メカトロニクス計測の基礎	石井　明／木股雅章／金子　透 共著	160	2200円
4.	(6回)	信号処理論	牧川方昭著	142	1900円
5.	(11回)	応用センサ工学	川村貞夫編著	150	2000円
6.	(4回)	知能科学 ―ロボットの"知"と"巧みさ"―	有本　卓著	200	2500円
7.		モデリングと制御	平井慎一／坪内孝司／秋下貞夫 共著		
8.	(14回)	ロボット機構学	永井　清／土橋宏規 共著	140	1900円
9.		ロボット制御システム	玄　相昊編著		
10.	(15回)	ロボットと解析力学	有本　卓／田原健二 共著	204	2700円
11.	(1回)	オートメーション工学	渡部　透著	184	2300円
12.	(9回)	基礎福祉工学	手嶋教之／米本清／相川孝訓／相良慶二／糟谷佐紀 共著	176	2300円
13.	(3回)	制御用アクチュエータの基礎	川野田早松／野方誠／田所川浦 共著	144	1900円
15.	(7回)	マシンビジョン	石井　明／斉藤文彦 共著	160	2000円
16.	(10回)	感覚生理工学	飯田健夫著	158	2400円
17.	(8回)	運動のバイオメカニクス ―運動メカニズムのハードウェアとソフトウェア―	牧川方昭／吉田正樹 共著	206	2700円
18.	(16回)	身体運動とロボティクス	川村貞夫編著	144	2200円

定価は本体価格+税です。
定価は変更されることがありますのでご了承下さい。

図書目録進呈◆

コンピュータダイナミクスシリーズ

(各巻A5判，欠番は品切です)

■日本機械学会 編

		頁	本体
3．マルチボディダイナミクス(1) 　　―基礎理論―	清水信行 今西悦二郎 共著	324	4500円
4．マルチボディダイナミクス(2) 　　―数値解析と実際―	清水信行 曽我部　潔 編著	272	3800円

加工プロセスシミュレーションシリーズ

(各巻A5判，CD-ROM付)

■日本塑性加工学会編

配本順		(執筆者代表)	頁	本体
1．(2回)	静的解法FEM―板成形	牧野内 昭武	300	4500円
2．(1回)	静的解法FEM―バルク加工	森　謙一郎	232	3700円
3．	動的陽解法FEM―3次元成形			
4．(3回)	流動解析―プラスチック成形	中野　亮	272	4000円

定価は本体価格+税です。
定価は変更されることがありますのでご了承下さい。

図書目録進呈◆

機械系教科書シリーズ

（各巻A5判，欠番は品切です）

- ■編集委員長　木本恭司
- ■幹　　　事　平井三友
- ■編集委員　青木　繁・阪部俊也・丸茂榮佑

配本順			著者	頁	本体
1.	(12回)	機械工学概論	木本恭司 編著	236	2800円
2.	(1回)	機械系の電気工学	深野あづさ 著	188	2400円
3.	(20回)	機械工作法（増補）	平井三友・和田任弘・塚本晃久 共著	208	2500円
4.	(3回)	機械設計法	三田純義・朝比奈奎一・黒田孝春・山口健二・古荒誠斎・吉浜 正 共著	264	3400円
5.	(4回)	システム工学	荒井克彦・浜徳蔵 共著	216	2700円
6.	(5回)	材料学	久保井恵 共著	218	2600円
7.	(6回)	問題解決のための Cプログラミング	佐中藤理・村次郎・昭男 共著	218	2600円
8.	(7回)	計測工学	前田良一・木村至・押野啓秀・牧雅也 共著	220	2700円
9.	(8回)	機械系の工業英語	生高橋部佑・阪茂本恭司 共著	210	2500円
10.	(10回)	機械系の電子回路	丸木榮 共著	184	2300円
11.	(9回)	工業熱力学	藪伊田本﨑民友紀夫・恭司悙男 共著	254	3000円
12.	(11回)	数値計算法	山坂坂田口村雄光紘彦二二誠 共著	170	2200円
13.	(13回)	熱エネルギー・環境保全の工学		240	2900円
15.	(15回)	流体の力学		208	2500円
16.	(16回)	精密加工学	田吉明来内山剛靖 共著	200	2400円
17.	(30回)	工業力学（改訂版）		240	2800円
18.	(31回)	機械力学（増補）	青木 繁 著	204	2400円
19.	(29回)	材料力学（改訂版）	中島貴 著	216	2700円
20.	(21回)	熱機関工学	越老智固本部田川明光一敏潔隆俊賢也一 共著	206	2600円
21.	(22回)	自動制御	吉阪飯早欅矢田恭弘順明彦 共著	176	2300円
22.	(23回)	ロボット工学	野松高一男 共著	208	2600円
23.	(24回)	機構学	大重敏 共著	202	2600円
24.	(25回)	流体機械工学	小池 勝 著	172	2300円
25.	(26回)	伝熱工学	丸矢茂尾牧野榮匡佑永州秀 共著	232	3000円
26.	(27回)	材料強度学	境田 彰芳 編著	200	2600円
27.	(28回)	生産工学 ―ものづくりマネジメント工学―	本位田光重皆川健多郎 共著	176	2300円
28.		CAD／CAM	望月達也 著		

定価は本体価格+税です。
定価は変更されることがありますのでご了承下さい。

図書目録進呈◆